Denkmal und Energie 2016

Bernhard Weller · Sebastian Horn *(Hrsg.)*

Denkmal und Energie 2016

Potentiale und Chancen
von Baudenkmalen
im Rahmen der Energiewende

 Springer Vieweg

Herausgeber
Bernhard Weller
Technische Universität Dresden
Dresden, Deutschland

Sebastian Horn
Technische Universität Dresden
Dresden, Deutschland

ISBN 978-3-658-11982-9   ISBN 978-3-658-11983-6 (eBook)
DOI 10.1007/ 978-3-658-11983-6

Die Deutsche Nationalbibliothek verzeichnet diese Publikation in der Deutschen Nationalbibliographie; detaillierte bibliographische Daten sind im Internet über http://dnb.d-nb.de abrufbar.

Springer Vieweg

Springer Fachmedien Wiesbaden GmbH ist Teil der Fachverlagsgruppe
Springer Science+Business Media
(www.springer.com)

Vorwort

Die Energiewende ist eine der bedeutendsten Herausforderungen der Gegenwart und näheren Zukunft. Die Frage nach der Herkunft der Energie (fossil oder erneuerbar) ist nicht mehr nur allein eine monetäre Frage, sondern im Zuge eines fortschreitenden Klimawandels auch eine gesellschaftlich ethische Frage geworden. Immerhin erzeugen fossile Energieträger, wie etwa Braunkohle und Erdöl, bei der Verbrennung große Mengen an Treibhausgasen. Diese gelten mit als hauptverantwortlich für den Klimawandel. Hier kann der Gebäudesektor sowohl durch die Reduzierung des Energiebedarfes als auch durch die gleichzeitige Umstellung des Energieträgers weg von fossilen hin zu erneuerbaren Energien einen entscheidenden Beitrag leisten. Bereits umgesetzte Maßnahmen auf diesem Gebiet haben Modellcharakter und können Nachahmer auf der ganzen Welt finden.

Baudenkmalen kann hier durch ihre herausragende Architektur und ihren Symbolcharakter eine ganz besondere Bedeutung zukommen. Gelingt die Umsetzung von Effizienzmaßnahmen an diesen Gebäuden, kann auch der restliche Gebäudebestand einen großen Beitrag zur Umsetzung der Energiewende leisten. Um dies jedoch zu ermöglichen, müssen die am Bau beteiligten Akteure am Puls der Zeit bleiben.

Die Beiträge dieses Bandes sollen ein Bewusstsein dafür schaffen, welches Potential von Baudenkmalen ausgeht und welchen Beitrag diese für eine erfolgreiche Umsetzung der Energiewende leisten können. Dennoch werden aber auch die Grenzen bei energetischen Sanierungsmaßnahmen an diesen besonderen Gebäuden nicht vernachlässigt. Vielmehr werden wesentliche Zusammenhänge für die Bauaufgaben herausgearbeitet mit dem Ziel, auf aktuellem Wissen aufbauend, individuelle Lösungen für die nachhaltige Ertüchtigung von Baudenkmalen entwickeln zu können. Mit durchdachten, denkmalverträglichen Eingriffen lässt sich der Energieverbrauch oft deutlich senken.

Dresden, November 2015

Bernhard Weller, Sebastian Horn

Inhaltsverzeichnis

Grundsätze der denkmalpflegerischen Betrachtung

Prof. Dr. Gerd Weiß[1]

[1] Lutherstraße 19, D-65203 Wiesbaden

Kurzer Überblick

Die Reduzierung des Energiebedarfs auch von Denkmälern und besonders erhaltenswerter Bausubstanz ist unbestritten notwendig. Die Erhaltung der baukulturellen Werte dieser Gebäude ist ein dem Klimaschutz nicht nachgeordnetes Ziel. Dementsprechend ist der baukulturelle Schutz für Denkmäler und wertvolle Altbausubstanz durch die Ausnahmeregelungen auch in der Energieeinsparverordnung anerkannt.

Beide Ziele lassen sich miteinander vereinbaren. Es ist erforderlich, die besonderen Anforderungen dieser Altbausubstanz bei der Umsetzung energetischer Ertüchtigungsmaßnahmen zu berücksichtigen. Die allgemeinen Grundsätze der denkmalpflegerischen Herangehensweise gelten auch bei einer energetischen Verbesserung.

Schlagworte: Denkmal, erhaltenswerte Bausubstanz, Energieeinsparverordnung (EnEV)

1   Einführung

Im Themenbereich „Denkmal und Energie" hat sich in den letzten Jahren viel bewegt. Vor noch gar nicht langer Zeit bin ich zu Podiumsdiskussionen oder Vorträgen eingeladen worden, die überschrieben waren „Dämmen oder Denkmal?". Klimaschutz und Denkmalschutz wurden als sich nahezu ausschließende Alternativen angesehen. Noch heute sind solche Denkmuster anzutreffen, wenn etwa bei anstehenden Denkmalschutzgesetz-Novellierungen nach Meinung einiger Politiker den Belangen des Klimaschutzes ein Vorrang gegenüber denen der Denkmalpflege eingeräumt werden soll.

Umso schöner ist es, dass die heutige Veranstaltung den Untertitel „Potentiale und Chancen von Baudenkmalen im Rahmen der Energiewende" trägt. Mir ist die Aufgabe zugefallen, die denkmalpflegerische Herangehensweise an das Thema einleitend darzustellen. Wie kann erreicht werden, dass eine energetische Ertüchtigungsmaßnahme denkmalverträglich zum Abschluss geführt wird?

Die Frage nach den Kriterien für erfolgreiche oder sogar denkmalpflegerisch vorbildliche Instandsetzungsmaßnahmen stellt sich unabhängig von dem Thema der Energieeinsparung und begleitet die denkmalpflegerische Arbeit seit ihren Anfängen.

So heißt es etwa in einem preußischen Runderlass von 1843:

„Die Königliche Ober-Baudeputation hat bei Gelegenheit der Superrevision eines Bauplanes zur Herstellung eines alten Bauwerks bemerkt, dass es nie der Zweck einer Restauration sein könne, jeden kleinen Mangel, der als die Spur vorübergegangener Jahrhunderte zur Charakteristik des Bauwerkes beitrage, zu verwischen, und dem Gebäude dadurch das Ansehen eines neuen zu geben. . . . Diejenige Restauration wäre die vollkommenste zu nennen, welche bei Verbesserung aller wesentlichen Mängel gar nicht zu bemerken wäre." [1]

Die Minimierung der erforderlichen Eingriffe zur Bewahrung der denkmalkonstituierenden Elemente und die Erhaltung einer den Alterswert der Denkmäler ausmachenden Patina oder der Spuren ihres Alterungsprozesses sind nach wie vor ein denkmalpflegerische Ziele.

Welche Rahmenbedingungen sollten also erfüllt sein, um zu einem Erfolg versprechenden Ergebnis zu gelangen? Die Anforderungen, die an eine denkmalpflegerische Maßnahme zu stellen sind, lassen sich in vier Hauptgruppen aufteilen.

2 Anforderungen vor Maßnahmenbeginn

Die Beratungstätigkeit sollte so früh wie möglich einsetzen. Der frühzeitige Dialog sichert am ehesten einen für alle Beteiligten zufrieden stellenden Planungsablauf. Dies betrifft nicht nur den eigentlichen Genehmigungsvorgang und die Notwendigkeit der vor Maßnahmenbeginn erforderlichen Abstimmung zur steuerlichen Abschreibungsmöglichkeit. Wenn die Plastikfenster schon auf dem Hof stehen, ist es zu einem Gespräch über die Materialität der einzubauenden Fenster zu spät. Je komplexer die Bauaufgabe und je größer die Zahl der zu beteiligenden Personen, umso wichtiger ist es, zu einem Mediationsprozess zu gelangen, an dessen Ende als Ergebnis eine abgesprochener Bauprozess und auf der formalen Seite die Baugenehmigung stehen.

Damit hängt ein zweiter Punkt zusammen, der die Kommunikation zwischen den Beteiligten betrifft. Dies ist die Offenheit der Gesprächsführung. Nur sie führt zu einer für alle verbindlichen Absprache über die gemeinsamen Ziele, die in einem auf Konsens ausgelegten Dialog zu erarbeiten sind. Damit will ich nicht einer Beliebigkeit der Ziele das Wort reden. Vielmehr sollten alle Parteien von klaren Vorgaben und Wünschen ausgehen, deren jeweilige Realisierungsmöglichkeiten ausgelotet werden müssen. Auch dieses Ziel dient der Planungssicherheit und reduziert das Risiko für Investitionen und Denkmäler.

Ein dritter Punkt ist die rechtzeitige Durchführung vorbereitender Untersuchungen. Warum sollte ein Investor bereit sein, die Kosten für eine detaillierte Bestandsaufnahme in die Gesamtkosten des Projektes mit einzukalkulieren? Alte Gebäude, die unter Umständen eine mehr als hundertjährige Geschichte aufweisen, zeigen nicht nur die Fußabdrücke der Geschichte. Durch die bisherige Nutzung, unterlassene Bauunterhaltung, konstruktive oder materielle Besonderheiten oder anderes können Schäden oder Beeinträchtigungen der

Bausubstanz aufgetreten sein, die nicht augenfällig sind und nur bei einer gründlichen Untersuchung erkannt werden. Nur so lassen sich für die Planung unerlässlichen Unterlagen zusammentragen, die das Investitionsrisiko mindern helfen. Unerkannte Schäden können die Kosten derartig in die Höhe treiben, dass der Erfolg insgesamt gefährdet ist. Planungssicherheit ist für Investor und Denkmalschützer ein gemeinsames Interesse.

3 Anforderung an die Nutzung

Ein Schlüsselbegriff bei der Betrachtung der Kriterien für erfolgreiche und denkmalpflegerisch vorbildliche Instandsetzungsmaßnahmen ist die Nutzung. Langfristig betrachtet wird das Schicksal eines Kulturdenkmals wesentlich von der Art und Intensität der Nutzung bestimmt. Ungenutzte oder rein als museale Hülle dienende Denkmäler sind die Ausnahme. Notwendige Erhaltungsaufwendungen werden von Eigentümern in diesen Fällen verständlicherweise ungleich widerstrebender in Angriff genommen als dies bei wirtschaftlich sinnvoll genutzten Denkmälern der Fall ist. Auch ist unter dem Gesichtspunkt der wirtschaftlichen Zumutbarkeit einer Pflegemaßnahme dem Eigentümer einer unrentierlichen Anlage sehr viel weniger zuzumuten als dies im Fall eines Gebäudes gegeben ist, bei dem Einnahmen erwirtschaftet werden können.

Dementsprechend enthalten fast alle Denkmalschutzgesetze in Deutschland auch Regelungen zur Nutzung. Heißt es zum Beispiel im hessischen Denkmalschutzgesetz im § 13 lapidar: „Werden Kulturdenkmäler nicht mehr entsprechend ihrer ursprünglichen Zweckbestimmung genutzt, sollen die Eigentümer eine Nutzung anstreben, die eine möglichst weitgehende Erhaltung der Substanz auf die Dauer gewährleistet." so regelt das bayerische Denkmalschutzgesetz im Artikel 5 ausführlich:

„Baudenkmäler sollen möglichst entsprechend ihrer ursprünglichen Zweckbestimmung genutzt werden. Werden Baudenkmäler nicht mehr entsprechend ihrer ursprünglichen Zweckbestimmung genutzt, so sollen die Eigentümer und die sonst dinglich oder obligatorisch zur Nutzung Berechtigten eine der ursprünglichen gleiche oder gleichwertige Nutzung anstreben. Soweit dies nicht möglich ist, soll eine Nutzung gewählt werden, die eine möglichst weitgehende Erhaltung der Substanz auf die Dauer gewährleistet. Sind verschiedene Nutzungen möglich, so soll diejenige Nutzung gewählt werden, die das Baudenkmal und sein Zubehör am wenigsten beeinträchtigt. .Die Eigentümer und die sonst dinglich oder obligatorisch zur Nutzung Berechtigten können (…) verpflichtet werden, eine bestimmte Nutzungsart durchzuführen; soweit sie nicht zur Durchführung verpflichtet werden, können sie zur Duldung einer bestimmten Nutzungsart verpflichtet werden." [2]

Diese Gesetzesformulierungen enthalten die wesentlichen Aspekte, die mit einer denkmaladäquaten Nutzung verbunden sind. Zum einen ist dies die Sicht vom Denkmal selbst auf die Art der Nutzung. Welche Nutzungsmöglichkeiten eröffnet das Denkmal ohne

– bildlich gesprochen – darunter in die Knie zu gehen? Und zum anderen ist die Frage zu beantworten, welche Nutzungen langfristig und nachhaltig zu einem wirtschaftlichen Erfolg führen. Beide Aspekte hängen eng miteinander zusammen. Hier sollten sich Eigentümer und Denkmalpfleger finden, denn nur wenn für beide Fragen eine zufrieden stellende Lösung gefunden wird, kann das Projekt erfolgreich sein.

Übereinstimmung herrscht darüber, dass die ursprüngliche Nutzung nach Möglichkeit gewahrt werden sollte, weil dies am Gebäude die geringsten Eingriffe erfordert. Stimmt diese Aussage noch so grundsätzlich? Hier bin ich skeptisch. Angesichts der rasanten Änderungen der Produktionsbedingungen bei Industriedenkmälern mit den sich daraus ergebenden Anpassungsnotwendigkeiten oder zum Beispiel der Konzentration gemeindlicher Nutzungen in Kirchengebäuden durch den Einbau von Gemeinderäumen in Kirchen überkommen einen Zweifel. Mitunter stellen wir fest, dass Umnutzungen für das Gebäude einen besseren Schutz zumindest der originalen Substanz bieten können, als dies bei einem Wandel des Produktionsprozesses unter Beibehaltung der ursprünglichen Nutzung gegeben wäre.

4 Anforderungen, die sich aus der Denkmaleigenschaft ergeben

Die Forderung nach einer Minimierung der Eingriffe auf die tatsächlich unabdingbar erforderlichen wird als Erhaltungsziel in einigen Denkmalschutzgesetzen gefordert. Wir erinnern uns an den eingangs zitierten Runderlass von 1843. Am eindeutigsten ist dies in Sachsen-Anhalt der Fall, wo es in § 10 heißt: „Alle Eingriffe sind auf das notwendige Mindestmaß zu beschränken." [2]

Wodurch ergibt sich überhaupt die Notwendigkeit von Eingriffen in die Denkmalsubstanz? Zunächst ist es die Schadensbehebung, die zu Eingriffen führt. Je genauer die Schadensfeststellung im Vorfeld stattgefunden hat, umso präziser und mit umso geringerem Aufwand kann die Reparatur erfolgen. Neben der Behebung von Schäden durch reparierende Instandsetzung nach Möglichkeit in gleichem Material und gleicher Technik sind es die durch eine Umnutzung notwendig werdenden Umplanungen, die zu größeren Eingriffen führen können. Sei es, dass eine statische Ertüchtigung des konstruktiven Gefüges zur Aufnahme höherer Lasten erforderlich ist, sei es, dass durch veränderte Nutzungsvorstellungen in größerem Umfang in die Raumstruktur mit Abriss oder Neubau von Wänden eingegriffen werden muss. Grundsätzlich gilt bei derartigen Eingriffen, dass diese soweit als möglich reversibel gestaltet werden sollten. Der Begriff der „Reversibilität" wird allerdings dann zum „Feigenblatt in der Denkmalpflege", wie der Titel einer ICOMOS-Tagung hieß, wenn Konservierungs- oder Reparaturmaßnahmen sich nicht ohne Schaden für die Originalsubstanz rückgängig machen lassen [3].

Jede Veränderung der Raumstruktur und jede Veränderung der Statik eines Gebäudes erhöhen die Baukosten in erheblichem Umfang, so dass es schon allein zur Reduzierung der

Kosten sinnvoll ist, Zeit auf die Suche nach einer dem Gebäude adäquaten Nutzung zu verwenden und nicht umgekehrt das Gebäude mit Gewalt einer neuen Nutzungsvorstellung zu unterwerfen.

Häufig kann es dabei sinnvoll sein, zusätzlichen Raum eher in ergänzenden Bauten unterzubringen als die Denkmale selbst zu verändern. Es wird sich mittlerweile herumgesprochen haben, dass Denkmalpfleger beim Weiterbauen am Denkmal die klare Trennung zwischen Alt und Neu bevorzugen und im Regelfall nicht einer historistischen Anpassung oder einer Unterwerfungsarchitektur das Wort reden. Die Umgestaltung sollte von der Denkmalsubstanz unterscheidbar sein. Ergänzungs- oder Neubauten in der unmittelbaren Umgebung eines Baudenkmals sind unter dem Gesichtspunkt des von diesen Bauten ausgehenden Beeinträchtigungsverbots für die Denkmale selbst zu betrachten. 1904 wurden beim 5. Tag für Denkmalpflege Empfehlungen formuliert, die nach 100 Jahren unverändert gültig sind:

„Um moderne Bauen gewährleisten zu können, dürften keine Stilformen vorgeschrieben werden, einfacher Charakter und gute Umrisslinie seien die Hauptsache, neuzeitliche Kunstformen dürften eben nicht ausgeschlossen werden. Die Bauausführung habe sich in ihrer äußeren Erscheinung harmonisch und ohne Beeinträchtigung der Baudenkmale in das Gesamtbild einzufügen. Dabei wird darauf hingewiesen, dass zur Erzielung dieser notwendigen Harmonie hauptsächlich die Höhen und Umrisslinien, die Gestaltung der Dächer, Brandmauern und Aufbauten sowie die anzuwendenden Baustoffe und Farben der Außenarchitektur maßgebend sind, während hinsichtlich der Formgebung der Einzelheiten künstlerischer Freiheit angemessener Raum gelassen werden kann." [1]

5   Anforderungen an die Qualitätssicherung

Sinnvoll für künftige Maßnahmen ist auf jeden Fall eine Abschlussdokumentation, die alle wesentlichen Eingriffe festhält und Auskunft gibt über Art und Umfang der Maßnahmen, der verwendeten Materialien und der ausgetauschten Teile. Wir stellen heute fest, dass Maßnahmen des 19. und Anfang des 20. Jahrhunderts zum Teil ungleich besser dokumentiert sind, als dies für die Nachkriegszeit gilt. Wir stehen immer wieder vor der Aufgabe einer Restaurierung vergangener Restaurierungen ohne genau zu wissen, welche Arbeiten in der Vergangenheit durchgeführt wurden und welche Materialien zur Anwendung kamen. Wir erleichtern unseren Nachfolgern das Geschäft erheblich – Denkmalpfleger sind es gewohnt in langen Zeiträumen zu denken -, wenn wir ihnen eine entsprechende Maßnahmen-Dokumentation hinterlassen. Die regelmäßige Gebäudeinspektion gehört ebenfalls zu den auch für den Eigentümer sinnvollen Maßnahmen. Jeder frühzeitig erkannte und behobene Schaden hilft teure und weitaus gravierendere Eingriffe in der Zukunft zu verhindern.

Ein Punkt, der bisher meines Wissens kaum eine Rolle spielt, ist die Frage nach der Kundenzufriedenheit nach Abschluss einer Maßnahme. Es ist sicherlich zu einfach, die Zufriedenheit des Investors nur nach der Höhe der ohnehin viel zu geringen denkmalpflegerischen Zuwendungen und der steuerlichen Abschreibungsmöglichkeit bemessen zu wollen. Die in Hamburg und Berlin durchgeführten Untersuchungen zum „Denkmal als Immobilie" sind für uns deshalb so wichtig, weil sie eine Vielzahl weiterer Gründe aufführen, die das Denkmal als Immobilie interessant machen und damit den Denkmalpflegern die Überzeugungsarbeit erleichtern. Die Zufriedenheit des Denkmaleigentümers ist für die Denkmalpflege ja deshalb so wichtig, weil nur ein zufriedener Investor zum überzeugten Wiederholungstäter wird.

Diese allgemeinen Leitsätze im Umgang mit Denkmalen treffen grundsätzlich auf alle Maßnahmen zu. Es gibt also keine neuen Kriterien für die Umsetzung einer Maßnahme zur energetischen Ertüchtigung von Denkmalen. Die konsequente Anwendung dieser Grundsätze führt aber nicht dazu, dass Denkmalschutz und Klimaschutz sich ausschließende Alternativen sind. Im Gegenteil: Bei der Betrachtung der Gesamtenergiebilanz von Bestandsgebäuden im Vergleich zu Neubauten werden diese nicht schlechter abschneiden. Ich nenne nur einige Stichworte wie Ressourcenschonung beim Einsatz von Materialien und Flächenverbrauch, Minimierung der Eingriffe am Baudenkmal, Reparaturfreundlichkeit, Minimierung des Energieaufwandes beim Bau angesichts der langen Standzeit der Gebäude.

Es kommt hinzu, dass nach einer Erhebung des Deutschen Nationalkomitees für Denkmalschutz der Denkmalbestand rund 3 % des gesamten Gebäudebestandes ausmacht. Wir haben es also in keiner Weise mit einem Problem zu tun, das die Klimabilanz gravierend beeinflussen würde. Die Energieeinsparverordnung ist daher konsequenterweise zunächst auf die Normierung für Neubauten zugeschnitten. Dementsprechend formuliert sie auch durch die Ausnahmeregelungen einen baukulturellen Schutz für Denkmäler und besonders erhaltenswerte Bausubstanz für die Fälle, bei denen die Substanz oder das Erscheinungsbild beeinträchtigt würden oder wenn andere Maßnahmen zu einem unverhältnismäßig hohen Aufwand führen würden.

Beeinträchtigungen der Denkmalsubstanz liegen zum Beispiel vor,

- wenn Originalsubstanz abgebrochen werden muss, um das Einhalten geforderter Dämmwerte bei einzelnen Bauteile zu erreichen,
- wenn durch unverträgliche Zusatzkonstruktionen Langzeitschäden wie Durchfeuchtung der Konstruktion oder Schimmelpilzbefall zu befürchten sind,
- wenn den Denkmalwert begründende Befunde verdeckt oder beseitigt werden.

Ähnlich gilt für das Erscheinungsbild eines Denkmals, das beeinträchtigt wird,

- wenn die historisch gestaltete und gegliederte Wandoberfläche durch eine Dämmung optisch verloren geht,
- wenn sich die Proportionsverhältnisse des Baudenkmals durch aufgebrachte Dämmpakete wesentlich verändern.

Dies bedeutet im Umkehrschluss aber nicht, dass der Denkmalbestand nicht energetischer Verbesserungen bedürfte. Unbestritten bedarf das Baudenkmal zu seiner langfristigen Erhaltung im Regelfall der Nutzung. Die Anpassung von Baudenkmälern an moderne Nutzungsansprüche ist regelmäßig mit dem Wunsch nach einer Verbesserung des Energiehaushalts verbunden. Leider spielt dabei vordergründig meist die Erfüllung der Normansprüche eine größere Rolle als die Erzeugung eines funktionierenden Raumklimas, das dem Wohlempfinden der Bewohner entspricht und die Nebenkostenrechnung senken hilft. Das Festhalten an genormten Nachweisrechnungen entsprechend der Energieeinsparverordnung (EnEV) wird allerdings zu Konflikten führen mit den Ansprüchen, die sich aus den Anforderungen des Baubestandes ergeben.

Grundsätzlich kommt es darauf an, berechtigte raumklimatische Ansprüche und das Ziel des Klimaschutzes mit dem Schutz und Erhalt der Baukonstruktion in Einklang zu bringen und zu einer vernünftigen und das heißt den Erhalt des Gebäudes langfristig sichernden Lösung zu führen. Um zu einer dem Bestand angepassten Art der Ausführung zu gelangen, bedarf es einer Bestandsaufnahme der Konstruktion und historischen Substanz.

Eine solche Bestandsaufnahme ist auch deshalb sinnvoll, weil jede nachträgliche Dämmung und damit jede Änderung des Raumklimas mit bauphysikalischen Risiken einhergeht, durch die erhebliche Gefahren für die Bausubstanz entstehen können. Da zudem die Dämmung häufig konstruktive Bauteile „einpackt", die dann nicht mehr einer Sichtkontrolle unterzogen werden können, ist die Langzeitwirkung nur bedingt zu überprüfen. Nach dem dritten Bauschadensbericht der Bundesregierung von 1995 ist ein höherer Schaden an Außenwänden bei Bestandssanierungen gegenüber Neubauten zu konstatieren. Die überproportionale Zunahme der Bauschäden überhaupt muss als Folge falscher Sanierungsmaßnahmen gedeutet werden. Qualitätssicherung und Qualitätskontrolle ist gerade bei der energetischen Verbesserung ein wesentliches Thema. Man würde sich hier im Übrigen eine Fortschreibung des Bauschadensberichtes wünschen.

Es ist erfreulich, dass in den letzten Jahren eine zunehmend kritische Haltung gegenüber Wärmedämmverbundsystemen zu verzeichnen ist. Das nicht hinterfragte Dämmen der Außenhaut produziert nicht nur in bedenklichem Maß schwer zu entsorgenden und entflammbaren Sondermüll sondern führt auch zu einem deutlichen Verlust an baukulturellen Werten. Wie wichtig in diesem Zusammenhang nicht nur die Baudenkmäler sondern auch die besonders erhaltenswerte Bausubstanz zur Stiftung lokaler Identität und Heimatbildung ist, hat jüngst die Expertengruppe „Städtebaulicher Denkmalschutz" in ihrem Memorandum „Besonders erhaltenswerte Bausubstanz und Stadtidentität in der integrierten Stadtentwicklung" festgestellt. Ich möchte daraus nur einen Satz zitieren: „Die jeweilige Einzigartigkeit unserer Städte und Quartiere ist wertvoll und muss erhalten bleiben."

Eine Verbesserung der energetischen Bilanz ist eben nicht nur durch die nachträgliche Dämmung zu erreichen. Grundsätzlich ist festzuhalten, dass die Nutzer einen wesentlichen Einfluss auf den Energieverbrauch eines Normalbauwerks wie auch eines Baudenkmals haben. Der Kostenaufwand für den Energieverbrauch des Bauwerks kann durch sparsamen Umgang mit Energie und das richtige Verhalten erheblich gesenkt werden. Die Verbesserung der energetischen Bilanz setzt bei einer moderner Heizung und Haustechnik ein. Moderne Heizungsanlagen helfen Energie einzusparen. Sie verringern den Primärenergiebedarf insbesondere dann, wenn die Energie zum Heizen und zur Warmwasserbereitung aus erneuerbaren Trägern wie Erdwärme, nachwachsenden Rohstoffen u.a. gewonnen wird.

Die ökologische Verträglichkeit im Baubereich zeigt sich aber nicht nur an den Energieeinsparmöglichkeiten beim Heizen. Der Energieaufwand zur Erzeugung, Transport und Verarbeitung der Werkstoffe muss ebenso Berücksichtigung finden wie die ökologische Unbedenklichkeit der Materialien.

Die Verengung des Blickwinkels beim Thema des Klimaschutzes auf die Dämmung des einzelnen Gebäudes führt insgesamt überhaupt erst zu der gestalterischen Problematik im Zusammenhang mit der Altbausubstanz. Es besteht deshalb seit einiger Zeit die einvernehmliche Forderung der kommunalen Spitzenverbände, der Berufsverbände und der Denkmalpflegeorganisationen zu einer ganzheitlichen Betrachtung der Problemlage zu kommen, d.h. die Frage einer Klimabilanz quartiersbezogen im städtebaulichen Zusammenhang zu betrachten.

Das Drängen nach Einhaltung der EnEV auch im Altbaubestand resultierte in der Vergangenheit häufig aus den Förderbedingungen für zinsgünstige Darlehen oder Zuschüsse der KfW. Auch hier hat ein Umdenken stattgefunden. 2012 wurde das Förderprogramm „Effizienzhaus Denkmal" der KfW aufgelegt, das die energetische Sanierung auch dann fördert, wenn die Anforderungen der EnEV wegen der gleichzeitigen gestalterischen Anforderungen nicht eingehalten werden können.

Von Seiten der Denkmalpflege war die Ausweitung des Förderprogramms seit langem gefordert. Ebenso ist die verpflichtende Hinzuziehung eines „Energieberaters für Baudenkmale und sonstige besonders erhaltenswerte Bausubstanz" eine sinnvolle Voraussetzung. Wir hatten dieses Verfahren angeregt, denn wir halten es für richtig, dass eine umfassende Energieberatung, die den zu schützenden Gebäudebestand ebenso berücksichtigt wie die Maßnahmen zur energetischen Gebäudesanierung, der einzig mögliche Weg ist, zu einer auch wirtschaftlich vernünftigen und gestalterisch verträglichen

Lösung zu gelangen. Die Vereinbarung von Energieeffizienz und gestalterischen Anforderungen ist nicht nur bautechnisch möglich. Es lassen sich Maßnahmen entwickeln, die den Komfortansprüchen heutigen Wohnens genügen und den gewünschten Energieeinsparungseffekt zeigen. Ausgehend vom angetroffenen Baubestand und unter Berücksichtigung der jeweils spezifischen Situation müssen nachhaltige Lösungen für Nutzung und Substanzerhalt gefunden werden, denn nur so kann die baukulturelle Tradition fortgeführt und die städtebauliche Identität unserer Orte erhalten werden.

6   Literatur

[1]   Huse, Norbert (Hrsg.): *Denkmalpflege*. Deutsche Texte aus drei Jahrhunderten. München: Beck , 1984

[2]   Viebrock, Jan Nikolaus; Martin, Dieter; Kleeberg, Rudolf (Bearb.): *Deutsche Denkmalschutzgesetze.* Bonn 2005 (Schriftenreihe des Deutschen Nationalkomitees für Denkmalschutz Bd. 54)

[3]   Nationalkomitee der Bundesrepublik Deutschland (Hrsg.): *Reversibilität – das Feigenblatt in der Denkmalpflege?* Band VIII der Reihe ICOMOS – Hefte des Deutschen Nationalkomitees, München, 1992.

Zum Urheberrecht der Architekten und Ingenieure

Dipl.- Ing. Architekt Manfred v. Bentheim[1]

[1] ö.b.u.v. Sachverständiger, Scheidertalstrasse 202, D-65232 Taunusstein-Wingsbach

Kurzer Überblick

Dieser Beitrag beschäftigt sich mit der Frage, ob Veränderungen an Bauwerken als unzulässige Entstellung im Sinne des Urheberrechts (Gesetz über Urheberrecht und verwandte Schutzrechte (UrhG) (Urheberrechtsgesetz vom 9. September 1965 (BGBl. I S. 1273). zuletzt geändert durch das Gesetz vom 5. Dezember 2014 (BGBl. I S. 1974)) zu bewerten sind. Hierzu muss zunächst festgestellt werden, ob ein Bauwerk überhaupt schutzwürdig im Sinne des UrhG ist. Die auf der Basis der Fach- und Kommentarliteratur vom Autor entwickelte Methodik versucht, die Antworten auf diese Fragestellungen schlüssig und nachvollziehbar zu beantworten.

Schlagwörter: Urheberrechtsgesetz, UrhG, schützenswertes Bauwerk, Veränderungen an Bauwerken, Entstellung.

1   Grundlagen

Das Urheberrechtsgesetz (UrhG) dient dem Schutz des geistigen Eigentums. Zu dem geschützten Werken (gem. § 2 (1) Pkt.4 UrhG) gehören auch „Werke der bildenden Künste einschließlich der Werke der Baukunst und der angewandten Kunst und der Entwürfe solcher Werke".

In einer Grundsatzentscheidung des BGH (Urteil vom 29.03.1957 - Ledigenheim) stellt ein Bauwerk dann ein Kunstwerk dar, „... wenn es sich um eine eigene geistige Schöpfung handelt, die mit Darlegungsmitteln der Kunst durch formgebende Tätigkeit hervorgebracht ist und deren ästhetischer Gehalt einen solchen Grad erreicht hat, dass nach den im Leben herrschenden Anschauungen noch von Kunst gesprochen werden kann, und zwar ohne Rücksicht auf den höheren oder geringeren Kunstwert".

Diese Auffassung wurde durch Entscheidungen des BGH (Urteil vom 10.12.1987 - Vorentwurf II) etwas „heruntergefahren" durch positive Entscheidungen über die Anwendung des Urheberrechtes an Bauwerken, „ ... das Bauwerk aus der Masse des alltäglichen Bauschaffens herausragt und das Ergebnis einer persönlichen geistigen Schöpfung ist ..." bzw. „ ... sich deutlich vom durchschnittlichen Architektenschaffen abhebt."

Geschützte Werke der Baukunst können durch Wiederaufbau, Erweiterungsbauten, Umbau, Modernisierung und/oder Instandsetzung (Termini gem. § 2 HOAI 2013) in unzulässiger Weise entstellt werden. Hierzu ist in § 14 UrhG die Entstellung eines Werkes geregelt: „Der Urheber hat das Recht, eine Entstellung oder eine andere Beeinträchtigung seines Werkes zu verbieten, die geeignet ist, seine berechtigten geistigen oder persönlichen Interessen am Werk zu gefährden." Dem sei noch hinzuzufügen: der Abriss eines nach dem UrhG geschützten Werkes stellt nicht die höchstmögliche Entstellung dar, der Urheber hat in diesem Fall keine Möglichkeit, Rechte aus dem UrhG gelten zu machen; siehe hierzu auch die Ausführungen zu "Stuttgart 21" (Teilabriss des Stuttgarter Hauptbahnhofes) von Mahr und Schöneich [1].

2   Methodik

Zur Beantwortung der Fragen, ob ein Bauwerk schützenswert im Sinne des Urheberrechtsgesetzes (UrhG) ist und ob durch bauliche Veränderung eine Entstellung desselben stattgefunden hat, bedient sich der Autor der Erkenntnisse aus dem Bereich der „Fuzzy-Logik" nach Kosko [2] und der Systematik von Oswald und Abel [3]. Die Methodik der sog. Fuzzy-Logik, die zwischen den Zuständen „trifft zu" und „trifft nicht zu" (gleich „1" bzw. „0" aus dem Bereich der Informationstechnologie) eine zusätzliche Unterteilung oder Abstufung und damit Verfeinerung der Bewertung zulässt.

Die Darstellung von Oswald und Abel [3] basiert auf einer Matrix, die als Parameter die Gebrauchstauglichkeit und die Beeinträchtigung der Funktion (dort bei der Frage der hinzunehmenden Unregelmässigkeiten bei optischen Mängeln) differenziert und bewertet.

Binder und Kosterhon [4] führen zur Feststellung der Schutzfähigkeit eines Werkes wie folgt aus: *„§2 Abs. 2 UrhG definiert das urheberrechtliche Werk simpel als persönliche geistige Schöpfung. Diese Definition bietet ausreichende Flexibilität, um auch neue Erscheinungsformen urheberrechtlich schützenswerter Werke zu erfassen. Dennoch ist es erforderlich, den Werkbegriff zu konkretisieren, um die Formulierung „persönliche geistige Schöpfung" aussagekräftiger zu machen. In der Regel werden heute vier Elemente des Werkbegriffs unterschieden, nämlich: persönliche Schöpfung, geistiger Gehalt, wahrnehmbare Formgestaltung und Individualität. Um urheberrechtsschutzfähig zu sein, muss ein Werk sämtliche vier Elemente aufweisen."*

2.1   Das Kriterium „persönliche Schöpfung"

Die Bandbreite der persönlichen Schöpfung ist der Bereich zwischen einem vom Menschen geschaffenen Werk bis zu einem ausschließlich von Maschinen oder Apparaten geschaffenen Werk. Dabei ist es unerheblich, inwieweit sich der Mensch bei der Herstellung des Werkes Werkzeuge und technischer Hilfsmittel bedient.

Nach der Definition nach Binder und Kosterhon [4] kann die „persönliche Schöpfung" in folgende vier Kriterien untergliedert werden:

- ausschließlich von Menschen geschaffenes Werk
- weitgehend von Menschen geschaffenes Werk
- weitgehend von Maschinen geschaffenes Werk
- ausschließlich von Maschinen geschaffenes Werk

2.2   Das Kriterium „geistiger Gehalt"

Die Bandbreite des geistigen Gehalts ist der Bereich zwischen einem Werk, dessen Aussagekraft die menschlichen Sinne berührt bis zu einem Werk, das keine Aussagekraft hat. Nach der Definition nach Binder und Kosterhon [4] kann der „geistige Gehalt" in folgende vier Kriterien untergliedert werden:

- Aussagekraft des Werkes berührt die menschlichen Sinne
- hohe Aussagekraft des Werkes
- geringe Aussagekraft des Werkes
- keine Aussagekraft des Werkes

2.3   Das Kriterium „wahrnehmbare Formgestaltung"

Die Bandbreite der wahrnehmbaren Formgestaltung ist der Bereich zwischen einem Werk, dessen geistige Leistung des Urhebers für jeden wahrnehmbar ist bis zu einem Werk, dessen geistige Leistung des Urhebers nicht erkennbar ist. Nach der Definition nach Binder und Kosterhon [4] kann die „wahrnehmbare Formgestaltung" in folgende vier Kriterien untergliedert werden:

- die geistige Leistung des Urhebers ist für jeden wahrnehmbar
- die geistige Leistung des Urhebers ist erkennbar
- die geistige Leistung des Urhebers ist kaum erkennbar
- die geistige Leistung des Urhebers ist nicht erkennbar

2.4 Das Kriterium „Individualität"

Die Bandbreite der Individualität ist der Bereich zwischen einem Werk, das vom individuellen Geist des Urhebers geprägt ist bis zu einem Werk, in dem der individuelle Geist des Urhebers nicht erkennbar ist. Nach der Definition bei Binder und Kosterhon [4] kann die „Individualität" in folgende vier Kriterien untergliedert werden:

- das Werk ist vom individuellen Geist des Urhebers geprägt
- der individuelle Geist des Urhebers ist erkennbar
- der individuelle Geist des Urhebers ist kaum erkennbar
- der individuelle Geist des Urhebers ist nicht erkennbar

2.5 Bewertung der Kriterien

Die Einordnung in die vorgenannten Kriterien (Elemente des Werkbegriffs und deren objektive Bewertung) in eine Matrix zur Beurteilung eines Werkes als „schutzwürdig" beziehungsweise „nicht schutzwürdig" könnte folgendermaßen erfolgen:

Matrix zur Bewertung der Schutzwürdigkeit von Bauwerken nach dem UrhG			objektive Bewertung der Elemente			
			trifft zu	trifft eher zu	trifft eher nicht zu	trifft nicht zu
			1	2	3	4
Elemente des Werkbegriffs	persönliche Schöpfung	A				nicht
	geistiger Gehalt	B	schutz-			schutz-
	Formgestaltung	C	würdig			würdig
	Individualität	D				

Abbildung 1: Matrix zur Bewertung der Schutzwürdigkeit

In dieser Form lässt sich eine Schutzwürdigkeit des Werkes i.S.d. Urheberrechtsgesetzes erläutern bzw. belegen. Für den Bereich der Spalten 2 und 3 kann von einer „bedingten Schutzwürdigkeit" gesprochen werden, zu deren Konkretisierung gegebenenfalls weitere objektbezogene Kriterien (s.u.) heranzuziehen sind, um zu einer abschließenden Beurteilung zu kommen.

2.6   weitere Kriterien

Soweit nach den vorgenannten Kriterien das Werk als „bedingt schutzwürdig" betrachtet
werden muss, können im Einzelfall weitere Tatsachen als Hinweis auf die Schutzwürdigkeit
herangezogen werden:

- das Werk ist aus einem Wettbewerb als Sieger hervorgegangen
- das Werk bzw. der Schöpfer hat sonstige Auszeichnungen erhalten
- das Werk wurde in der Fachliteratur als bedeutend gewürdigt
- das Werk ist als Denkmal eingetragen

Weitere Kriterien können objektbezogen hinzugezogen werden.

3   Entstellung

Im Weiteren geht es um die Frage, ob die gestalterische und/oder bauliche Veränderung eines
Werkes zu einer nach dem Urheberrechtsgesetz unzulässigen Entstellung desselben geführt
hat bzw. (in Planung) führen wird. Dies ist insofern von Belang, als der Urheber etwaige
Veränderungen am Werk nicht dulden muss bzw. nach § 14 UrhG verbieten kann. Mögliche
Veränderungen am Werk können sowohl direkte Eingriffe wie konstruktive, bauliche,
gestalterische, farbliche Veränderungen als auch indirekte Eingriffe wie die Änderung der
Innenraumgestaltung, Ausstattung, Möbilierung usw. sein.

Eine Entstellung liegt immer dann vor, wenn der ursprüngliche Gestaltungswille des
Urhebers und die damit verbundene überdurchschnittliche Gestaltungshöhe des Werkes nicht
mehr erkennbar sind und die ursprüngliche Gestalthöhe verlassen wird. Hierzu ist nach der
Fachliteratur [4] und [5] die Beantwortung folgender drei Fragen erforderlich:

- Liegt aus objektiver Sicht eine Entstellung oder Beeinträchtigung des Werkes vor?
- Kann diese Entstellung oder Beeinträchtigung die Interessen des Urhebers
  gefährden?
- Sind diese gefährdeten Urheberinteressen angesichts der betroffenen
  Gegeninteressen derart berechtigte Interessen, dass ihnen im Ergebnis der
  Interessenabwägung das grössere Gewicht beizumessen ist?

Von einem widerrechtlichen Verstoss gegen das Entstellungsverbot ist dann auszugehen,
wenn alle drei vorgenannten Fragen mit „ja" zu beantworten sind. Dies lässt sich in einer
Matrix wir folgt darstellen:

Matrix zur Feststellung, ob i.S.d. § 14 UrhG eine Entstellung eines urheberrechtlich geschützten Bauwerkes vorliegt		Die ursprüngliche Gestaltungshöhe ...			
		bleibt erkennbar	ist noch erkennbar	ist eher nicht (mehr) erkennbar	ist nicht (mehr) erkennbar
		1	2	3	4
Grad des direkten (baulichen) Eingriffes	sehr hoch A	Entstellung			
	hoch B	liegt		Ent	stellung
	eher gering C	nicht		liegt	vor
	gering D	vor			

Abbildung 2: Matrix zur Feststellung der Entstellung

Für den Bereich der Spalte 2 kann möglicherweise von einer Entstellung gesprochen werden; es sind gegebenenfalls objektbezogene weitere Kriterien zur Beurteilung heranzuziehen.

Die Interessenlage des Urhebers an dem Erhalt des urheberrechtlich geschützten Werkes kann erheblich oder auch (als Gleichgültigkeit) so gut wie gar nicht vorhanden sein. Gegeninteressen (des Nutzers/Eigentümers) können sowohl Anforderungen an das Erscheinungsbild, an Konstruktion, baurechtliche, technische und bauphysikalische als auch an die Nutzung sein, denen sich der Urheber sicher nicht verschliessen würde, wenn diese Gegeninteressen auf eine dem Objekt angemessenen und nicht entstellenden Art umgesetzt würden.

4   Ausblick

Dieser Beitrag stellt keine (bau)rechtliche Betrachtung oder gar Würdigung dar (dazu ist der Autor weder gefragt noch ausgebildet), sondern ist lediglich ein Beitrag eines am Baurecht interessierten Laien. Dieser Beitrag hat aus dem Bereich der umfänglichen Urheberfragen den kleinen Bereich der Frage nach der Schutzwürdigkeit und der Entstellung von Werken der Baukunst gestreift. Dies sind die Fragen, die häufig an den Autor von Gerichten oder von Urehebern (Architekten und Ingenieure) zur Beantwortung herangetragen werden. Dem steht auch nicht entgegen, dass nach allgemeiner forensischer Auffassung es nicht eine Sache von

Sachverständigen, sondern „nach den im Leben herrschenden Anschauungen" objektiv die Frage der Schutzfähigkeit beantwortet werden soll.

Zur Vertiefung der Thematik wird auf die weiterführende Fach- und Kommentarliteratur [7] bis [22] verwiesen, eine Urteils-Datenbank zum Urheberrecht der Architekten und Ingenieure ist unter [6] zu finden.

Neben den umfänglichen Kommentaren, die alle Bereiche der Kunst umfassen (und die Baukunst eher am Rande behandeln) sei als allein die Werke der Baukunst betreffende Abhandlung auf Werner und Pastor [24], Kapitel 11, verwiesen. Daneben sei auch (wegen der gut nachvollziehbaren Systematik) das Werk von Binder und Kosterhon [4] empfohlen.

5   Literatur

[1]   Mahr, A. C; Schöneich, D.: Bestandsaufnahme und Ausblick zum Urheberrecht an Zweckbauten - Untersuchung anhand der jüngeren Entscheidungen Berliner Hauptbahnhof, Stuttgart 21 und Dresdner Kulturpalast. In: Baurecht, Ausgabe 09/2014, S. 1395 ff.

[2]   Kosko, B.:Fuzzy-logisch: eine neue Art des Denkens. Hamburg: Carlsen, 1993.

[3]   Oswald, R.; Abel, R.: Hinzunehmende Unregelmäßigkeiten bei Gebäuden. Wiesbaden: Vieweg Verlag, 2000.

[4]   Binder, A.; Kosterhon, F.: Urheberrecht für Architekten und Ingenieure. München: Beck, 2002.

[5]   Schricker, G.; Loewenheim, U. et al.: Urheberrecht – Kommentar. München: Beck, 2010.

[6]   http://www.baunetz.de/recht/index.html?s_text=&s_rubrik=1010&x=30&y=7 (letzter Zugriff am 20.07.2015)

[7]   Bund Deutscher Architekten BDA (Hrsg.): Das Urheberrecht des Architekten. In: Der Architekt, Ausgabe 04/1990, Stuttgart: Forum Verlag, 1990.

[8]   Bentheim, W.: Das ästhetische Urteil. Unveröffentlicht, 1989.

[9]   Binder, A.; Messer, H.: Urheberrecht für Architekten und Ingenieure. München: Beck, 2014.

[10]   Neumeister, A.: Das Urheberrecht des Architekten. Bayrische Architektenkammer (Hrsg.), München: 2004.

[11]   Brock, B.: Ästhetik als Vermittlung. Köln: DuMont, 1977.

[12]   Brock, B.: Der Profi-Bürger – Handreichungen für die Ausbildung von Diplom-Bürgern, Diplom-Patienten, Diplom-Konsumenten, Diplom-Rezipienten und Diplom-Gläubigen. München: Wilhelm Fink Verlag, 2011.

[13] Gerkan, M.: Black Box BER – Vom Flughafen Berlin Brandenburg und anderen Großbaustellen. Wie Deutschland seine Zukunft verbaut. Berlin: Bastei Lübbe 2013

[14] Goltschnigg, D. et al.: Plagiat, Fälschung, Urheberrecht im interdisziplinären Blickfeld. Berlin: Erich Schmidt Verlag, 2013.

[15] Haberstumpf, H.: Handbuch des Urheberrechts. Neuwied: Luchterhand Verlag, 2000.

[16] Kiemle, M.: Ästhetische Probleme der Architektur unter dem Aspekt der Informationsästhetik. Quickborn: Schnelle, 1967.

[17] Pazaurek, G. E.: Guter und schlechter Geschmack im Kunstgewerbe. Stuttgart: Deutsche Verlagsanstalt, 1912.

[18] Prinz, T: Urheberrecht für Ingenieure und Architekten - Arbeitshilfen zur Geltendmachung urheberrechtliche Ansprüche einschließlich ausführlicher Rechtsprechungsübersicht. Düsseldorf: Werner, 2001.

[19] Ranciere, J.: Das ästhetisch Unbewusste. Zürich: Diaphanes, 2005.

[20] Schildt-Lutzenburger, C.: Der urheberrechtliche Schutz von Gebäuden. München: Herbert Utz Verlag, 2004.

[21] Schramm,C.; Schwink, W.: Architekt und Ingenieur - Ihre Rechtliche Stellung zum Bauherrn. München: Süddeutsche Verlags-Anstalt, 1932.

[22] Sturm, H. (Hrsg.): Ästhetik & Umwelt. Tübingen: Gunter Narr Verlag, 1979.

[23] Werner, U.; Pastor, W.: Der Bauprozess. Düsseldorf: Werner, 2015.

Mundgeblasene Flachgläser (Zylinderglas) – Vielfalt und Anwendung im Denkmalbereich

Dipl.-Kfm. Hans Reiner Meindl[1]

[1] Glashütte Lamberts Waldsassen GmbH, Schützenstraße 1, D-95652 Waldsassen

Kurzer Überblick

Das Wissen und Können mundgeblasenes Flachglas herzustellen, ist eine selten gewordene Handwerkskunst. In der 1906 gegründeten Glashütte Lamberts Waldsassen haben die Glasmacher diese traditionellen Fertigungsmethoden erhalten und perfektioniert. Mit 71 Mitarbeitern und einer Exportquote von über 70 Prozent ist das mittelständische Unternehmen aus Nordbayern heute Deutschlands einziger Hersteller und gleichzeitig Weltmarktführer. Es gibt nur noch 3 Glashütten weltweit, die mundgeblasene Fenstergläser fertigen.

Die Herstellung erfolgt einzeln Tafel für Tafel - heute genauso wie in alten Zeiten. Mit keiner anderen Produktionsmethode kann eine ähnliche Brillanz, Struktur und Vielfalt, wie sie mundgeblasenem Flachglas eigen ist, erzielt werden. Werkzeuge und Verfahren sind die gleichen wie vor Jahrhunderten. Mundgeblasenes Flachglas wird weltweit im gesamten Baubereich eingesetzt – sowohl zur Realisierung zeitgenössischer Architektur- und Designentwürfe als auch zur originalgetreuen Restaurierung von Baudenkmälern.

Schlagwörter: Zylinderglas, Denkmalschutzglas, mundgeblasenes Fensterglas, mundgeblasenes Goetheglas, Isolierglas, UV-Schutzglas

1   Herstellung

Die Herstellung erfolgt einzeln Tafel für Tafel - heute genauso wie in alten Zeiten. Nachdem der Schmelzmeister die richtige Rezeptur zusammengestellt hat und das Glas im Ofen über Nacht geläutert wurde, beginnt die wichtigste und schwierigste Bearbeitungsstufe. Dazu arbeiten an jedem Ofen vier Mannschaften, die sich jeweils aus dem Anfänger, dem Einträger und dem Glasmachermeister zusammensetzen. Der Anfänger bringt durch Drehen der Glasmacherpfeife im Schmelzbottich das flüssige Glas an die Pfeife. Er wiederholt den Vorgang so oft, bis er die nötige Glasmenge hat. Durch Drehen und gleichzeitiges Einblasen in Holzmodeln gibt er dem Glasposten die richtige Form. Dann übergibt er das Ganze dem Glasmachermeister, der die Glaskugel bis zur endgültigen Größe aufbläst. Es erfordert ein hohes Maß an Erfahrung, Kraft und Können, den großen glühenden Glasballon so gleichmäßig zu bewegen, dass ein homogener Zylinder entsteht. Dieser wird anschließend

aufgeschnitten, wieder erhitzt und zur Glastafel ausgebügelt. Durch eine spezielle
Abkühlphase wird das Glas sehr gut schneid- und verarbeitbar.

Abbildung 1: Ofenhalle Glashütte Lamberts, Waldsassen

Bis in die 20er Jahre des vorigen Jahrhunderts waren grundsätzlich alle Fenstergläser
mundgeblasen. Die Glashütte Lamberts hat exakt diese Herstellungstechnik im
Mundblasverfahren bewahrt und gewährleistet daher den authentischen Charakter dieser
historischen Original-Fenstergläser.

Das mundgeblasene Original Lamberts-Restaurierungsglas (sog. Zylinderglas /
Zylinderstreckglas) ist somit unverzichtbarer Bestandteil jeder Restaurierung, welche die
Anforderungen an diese klassische Art der Verglasung erfüllen soll.

Abbildung 2: Glasmachermeister, Herstellung von mundgeblasenem Flachglas

Abbildung 3: Mundgeblasenes Fensterglas

2   Einsatzbereich verschiedener Glassorten

Mundgeblasene Gläser werden inzwischen im kompletten hochwertigen Baubereich verwendet und kommen weltweit zum Einsatz. Die im Bereich des Denkmalschutzes vorwiegend eingesetzten Glassorten werden in den nachfolgenden Kapiteln kurz benannt.

2.1   restauro® Leicht 2 mm

Das Glas restauro® Leicht 2 mm zeichnet sich durch eine ruhige, leichte Bewegung in der Glasoberfläche und somit in der Durchsicht aus, welche durch das freie und berührungslose Schwenken des Glasballons in der Schwenkgrube eentsteht.. Die Tafelmaße betragen etwa 85 x 100 cm bei einer Scheibendicke von 2 mm. Neben dem Einsatz als Fensterglas kann restauro® Leicht 2 mm auch für die Möbelrestaurierung und –verglasung verwendet werden, wie etwa bei der Möbelrestaurierung von Schloss Ludwigsburg.

2.2   restauro® Leicht 3 mm

Bei dem Glas restauro® Leicht 3 mm handelt es sich um ein mundgeblasenes Fensterglas, welches die gleichen optischen Eigenschaften wie das zuvor beschriebene restauro® Leicht 2 mm besitzt. Unterschiede gibt es sowohl bei der Abmessung der Glastafeln (80 x 85 mm) und der Glasdicke von etwa 3 mm. Es ist für den Einsatz als Verglasung in einem Isolierglas geeignet. So fand es bei mehreren Sanierungsmaßnahmen, wie etwa der Residenz und dem Justizpalast in München Anwendung.

2.3   restauro® Stark 3 mm

restauro® Stark ist ein nach alter Tradition hergestelltes Fensterglas mit starker Bewegung in der Durchsicht. Die lebhafte Bewegung in der Oberfläche ist besonders für die Verglasungen von Kasten- bzw. Sprossenfenstern und als Isolierglas in Verbindung mit Floatglas 3 mm geeignet. Die Glastafeln haben herstellungsbedingt Abmessungen von etwa 60 x 90 cm bei einer Glasdicke von 3 mm. Neben den Einsatz in Fenmstern des Rathauses Marktredwitz (vgl. Abbildung 4) wurde es auch beim National History Museum in Bergen oder der Parochialkirche in Berlin verwendet.

Abbildung 4: Rathaus Marktredwitz, Verglasung mit restauro® Stark 3mm

2.4   restauro® Waldglas

Mundgeblasenes Fensterglas mit leichter, z.B. grünlicher Einfärbung zur farblichen
Angleichung an Originalverglasungen, wie für den Einsatz in der Orangerie in Schloss Hof
(Österreich), wird oft als Goetheglas bzw. Waldglas bezeichnet. restauro® Waldglas kann
sowohl in der Ausführung Stark 3 mm, als auch in den Varianten Leicht 2 mm und
Leicht 3 mm gefertigt werden. Auf Anfrage sind auch andere Färbungen herstellbar.

Abbildung 5: Orangerie Schloss Hof (Österreich), Verglasung mit restauro® Waldglas

2.5   restauro® Extra

Bei dem Glas restauro® Extra gibt es ein gehäuftes Auftreten von Winden und Gispen (Gruppen kleinster Luftbläschen > 0,2 mm). Durch diese Eigenschaften wird es vor allem dort verwendet, wo ein besonders authentischer Look gewünscht wird, wie etwa bei derSanierung des Literaturhauses Hardanger in Norwegen. Erreicht wird dies, indem der Glasmacher bei seiner Arbeit besonders auf das "Einarbeiten" von Werkzeugspuren achtet. Außerdem sind Abdrücke vom Streckvorgang möglich, die eine Folgeerscheinung dieser besonderen Herstellungsweise sind. Die Gläser haben eine Dicke von etwa 2 bis 3 mm und Abmessungen von 80 x 90 cm.

2.6   Übersicht der einzelnen restauro®-Gläser

In der nachfolgenden Tabelle sind die wichtigsten Eigenschaften der bisher beschriebenen Gläser in Bezug auf Durchsicht, Abmessung und Glasdicke noch einmal zusammengefasst.

Tabelle 1: Übersicht der einzelnen restauro®-Gläser

Glassorte	Durchsicht	Abmessungen	Dicke
restauro® Leicht 2 mm	leicht bewegt	ca. 85 x 100 cm	ca. 2 mm
restauro® Leicht 3 mm	leicht bewegt	ca. 80 x 85 cm	ca. 3 mm
restauro® Stark 3 mm	stark bewegt	ca. 60 x 90 cm	ca. 3 mm
restauro® Waldglas	Nach Kundenwunsch	auf Anfrage	ca. 2-3 mm
restauro® Extra	Werkzeugspuren (s. Beschreibung)	ca. 80 x 90 cm	ca. 2-3 mm

2.7   restauro® UV

restauro® UV ist das einzige UV-Schutzglas bei dem die Filterwirkung direkt in das Glas integriert ist und nicht durch aufkaschierte Folien, die Einlaminierung entsprechender Folien mit Filterwirkung oder Beschichtung erreicht wird. restauro® UV schützt vor UV-Strahlen bis 400nm und wird in Stärken von 2-3mm hergestellt. Es kann wie restauro® Leicht oder restauro® Stark in herkömmlichen Bleiverglasungen verwendet oder bei Bedarf zu Verbund- bzw. Isolierglas verarbeitet werden.

Abbildung 6: Stadtkirche Wittenberg (UNESCO Weltkulturerbe), UV-Schutzverglasung

2.8   Echt-Antikglas

In der Restaurierung kommen oftmals auch klare oder farbige Echt-Antikgläser zum Einsatz. Charakteristische Merkmale sind der ausgeprägte und dennoch dezente Hobel (Oberflächenstruktur) und die runde bis leicht ovale Bläselung. Im Licht entfalten die Echt-Antikgläser dann ihre unnachahmliche Transparenz, Brillanz und Körperhaftigkeit. Die Größe der einzelnen Tafeln ist ca. 60x90 cm, die Stärke etwa 3 mm. Echt-Antikgläser lassen sich in jeder nur denkbaren Farbe herstellen. Derzeit sind ca. 4000 verschiedene Farben ab Lager verfügbar.

Abbildung 7: Mundgeblasenes Echt-Antikglas

2.9 Mundgeblasenes Flachglas als Verbundglas

Als authentisches Material wird mundgeblasenes Flachglas (LambertsGlas®) von Denkmalschützern und Restauratoren geschätzt. So wurde für die wieder aufgebaute Dresdner Frauenkirche die Version „restauro® Stark 3mm" verwendet, z. T. weiterverarbeitet zu Verbundglas, um Brand- und Schallschutzauflagen zu entsprechen. Mittels Polyvinylbutyral-Folie (PVB) lässt sich mundgeblasenes LambertsGlas® problemlos zu Verbundsicherheitsglas laminieren - gemäß den Sicherheitsbestimmungen beim Einsatz in öffentlichen Gebäuden.

Abbildung 8: Frauenkirche Dresden, Verglasung mit restauro® Stark 3mm, als Verbundglas

2.10 Mundgeblasenes Fensterglas als Isolierglas

Zu zeitgemäßen Isolierverglasungen verarbeitet, erfüllen die mundgeblasenen Fensterscheiben auch modernste Anforderungen an Wärme- und Schallschutz. Hauptsächliche Verwendung im Isolierglas findet das restauro® Leicht 3mm und restauro® Stark 3mm. Je nach Bauaufgabe können jedoch auch andere Glassorten verwendet werden. Die Gläser bilden dabei die äußere Scheibe, wohingegen die innere Glasscheibe ein handelsübliches Floatglas darstellt, welches mit einer Low-e-Beschichtung für einen noch besseren Wärmeschutz versehen werden kann.

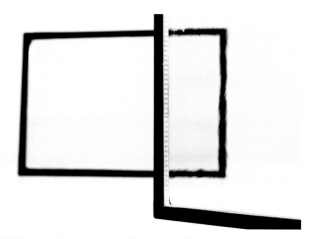

Abbildung 9: Mundgeblasenes Fensterglas als Außenscheibe einer ISO-Einheit

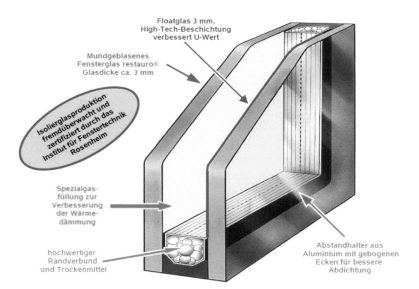

Abbildung 10: Schematischer Aufbau, ISO-Einheit mit mundgeblasenem Fensterglas

Energieeinsparung bei Fassaden aus Ziegel – Umgang mit Wärmebrücken, Verordnungen und Gesetzen

Dr. Dieter Figge[1]

[1] Ziegelzentrum NordWest e. V., Eggestraße 3, D-34414 Warburg

Kurzer Überblick

Die energetische Verbesserung der Fassade ist ein entscheidender Baustein zur Verringerung der Transmissionswärmeverluste eines Gebäudes. Fassaden aus Ziegel stellen hierbei eine weit verbreitete Bauform dar, weshalb bautechnisch eingeführte energetische Sanierungsmaßnahmen ein hohes Multiplikationspotential aufweisen.

Im Rahmen dieses Beitrages werden Möglichkeiten zur energetischen Sanierung von Fassaden aus Ziegel vorgestellt und in Hinblick auf die Eignung an Baudenkmalen bewertet. Einen Kernpunkt bildet dabei die Lage der Dämmebene, außerhalb, mittig oder innerhalb der tragenden Außenwand.

Schlagwörter: Vorsatzschale, Innendämmung, Energieeinsparverordnung (EnEV)

1   Vorbemerkungen

Zweck der EnEV 2014/2016 ist die Einsparung von Energie in Gebäuden. In diesem Rahmen und unter Beachtung des gesetzlichen Grundsatzes der wirtschaftlichen Vertretbarkeit soll die Verordnung dazu beitragen, die energiepolitischen Ziele der Bundesregierung zu erreichen. Neben den Festlegungen in der Verordnung soll dieses Ziel auch mit anderen Instrumenten, insbesondere mit einer Modernisierungsoffensive für Gebäude, Anreizen durch die Förderung und einem Sanierungsfahrplan, verfolgt werden.

Für Baudenkmale, das heißt die nach dem jeweiligen Landesdenkmalschutzgesetz geschützten Gebäude gilt, dass diese vom Gültigkeitsbereich der EnEV 2014 nicht ausgenommen sind. Es sei denn, sie gehören zu den Gebäudetypen, die nach § 1 Absatz 2 EnEV 2014 generell ausgenommen sind. Gemäß § 24 EnEV 2014 kann bei baulichen Änderungen von den Anforderungen der Verordnung jedoch ohne weiteren Antrag des Eigentümers abgewichen werden, soweit bei Baudenkmalen oder sonstiger besonders erhaltenswerter Bausubstanz durch die Erfüllung der EnEV-Anforderungen, die Substanz oder das Erscheinungsbild beeinträchtigt wird oder andere Maßnahmen zu einem unverhältnismäßig hohen Aufwand führen würden.

Um einen denkmalschädlichen Modernisierungsdruck zu vermeiden, müssen nach § 16 Absatz 4 EnEV 2014, Energieausweise bei Baudenkmalen weder Kaufinteressenten noch Mietern, Pächtern oder Leasingnehmern vorgelegt werden. Bei öffentlich genutzten Baudenkmalen müssen diese auch nicht ausgehängt werden.

Eigentümer denkmalgeschützter Gebäude unterliegen somit nicht der EnEV, wohl aber dem Denkmalschutz mit all seinen Pflichten und Rechten. Aber auch ohne EnEV lässt sich die Energieeffizienz von denkmalgeschützten Gebäuden verbessern, denn die Grundsätze der Energieeinsparverordnung sind darauf ausgerichtet, ein Haus als Ganzes zu betrachten.

Aus energetischer Sicht kann zum Beispiel durch anlagentechnische Maßnahmen ein ganz hohes Maß an Energieeffizienz herbeigeführt werden. Aber auch durch bauliche Einzelmaßnahmen, wie dem Austausch von Fenstern, der Dämmung von Dächern, Dach- und Kellerdecken sowie die energetische Ertüchtigung der Gebäudefassade, können Wärmeverluste minimiert werden.

Energetische Maßnahmen an Fassaden sind stets mit Augenmaß unter Betrachtung der historischen Konstruktion und der Substanz durchzuführen.

2   Fassadensanierung

Zur Verbesserung des Wärmeschutzes bei Sichtmauerwerk bieten sich folgende Maßnahmen zur nachträglichen Dämmung an:

- Vollständige Erneuerung oder auch Teilerneuerung der Vorsatzschale plus Dämmung
- Wärmedämmverbundsystem (WDVS) mit Riemchen auf einer bestehenden Vormauerschale
- Kerndämmung

2.1   Vollständige Erneuerung oder Teilerneuerung

Der höchste bauliche Wärmeschutz wird durch die Erneuerung der Vorsatzschale erreicht. Unter energetischen Gesichtspunkten sind der Abriss und die Erneuerung der alten Verblendschale stets die beste Lösung (vgl. Abbildung 1).

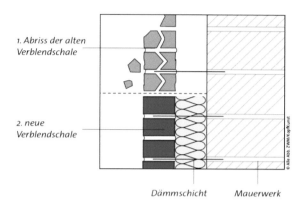

Abbildung 1: Vollständige Erneuerung oder Teilerneuerung [1]

So wird hierbei mit der wärmetechnischen Sanierung zugleich eine langfristige Sicherstellung der Standfestigkeit durch Einbau korrosionsbeständiger Verankerungs- und Abfangekonstruktionen hergestellt.

Eine solche Maßnahme kann in Abstimmung mit der Denkmalpflege durchaus sinnvoll sein, wobei die Entscheidung hier mehr von der statisch konstruktiven Qualität der vorhandenen Konstruktion abhängig gemacht wird. In der Regel werden solche Maßnahmen zumindest aus denkmalpflegerischer Sicht ausgeschlossen.

2.2 WDVS mit Riemchen

Ebenso effektiv sind Wärmedämmverbundsysteme (WDVS) mit Riemchen auf einer bestehenden Vormauerschale (vgl. Abbildung 2).

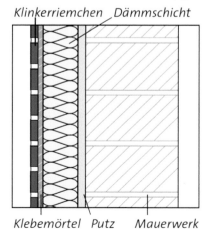

Abbildung 2: Wärmedämmverbundsystem (WDVS) mit Riemchen [1]

39

Die nachträgliche Verkleidung eines Gebäudes mit einem Wärmedämmverbundsystem (WDVS) aus Polystyrol- oder Mineralwollplatten bietet eine gute Alternative zur wärmetechnischen Komplettsanierung der Fassade, ohne auf die Qualitäten eines Ziegelsichtmauerwerkes verzichten zu müssen.

Aber auch diese Maßnahmen sind bei historischen Gebäudefassaden unüblich und nur in ganz bestimmten Fällen möglich.

2.3   Kerndämmung

Eine nachträgliche Vollfüllung vorhandener Luftschichten in Außenwänden aus Verblendmauerwerk ist völlig sicher und seit vielen Jahren üblich. In nahezu drei Jahrzehnten Praxis ist bei fachgerechter Volldämmung und mangelfreier Vormauerschale kein einziger Schadensfall bekannt geworden. Selbst der befürchtete Wärmebrückeneffekt und die damit verbundene Tauwasserbildung in der Konstruktion sind nicht eingetreten. Vielmehr wird das Schimmelrisiko auch an durchstoßenden Bauteilen reduziert. Zugleich wird das Temperaturniveau der innenliegenden Bauteile einschließlich der Wärmebrücken angehoben. Fachgerecht hergestellt erfüllen auch nachträgliche Dämmungen die konstruktiven und energetischen Anforderungen an zweischalige Außenwände mit Kerndämmung im Sinne der EnEV 2014 sowie der DIN EN 1996.

Garant für eine funktionierende Kerndämmung ist eine fachgerechte Ausführung, die mit der Gebäudebestandsaufnahme beginnt. Die vorhandene Konstruktion wird dabei auf ihre Eignung überprüft. Dazu zählen intakte Fugen, luftdichte Bauteilanschlüsse, durchgängige Luftebenen, mangelfreie Drahtanker und eine regelgerechte Verarbeitungsmöglichkeit der Dämmstoffe. Für die Begutachtung der Luftschicht liefert eine professionelle Endoskopie zuverlässig Aussagen. Nach der Ausführung sollte die tatsächliche Vollfüllung thermografisch kontrolliert werden.

Die für eine Verfüllung verwendeten Dämmstoffe für jede Art von Kerndämmung müssen hydrophobiert (wasserabweisend), unverrottbar, nicht brennbar und umweltverträglich sein. Zur nachträglichen Dämmung werden die Dämmstoffe entweder geschüttet, eingeblasen oder geschäumt. Dafür werden Öffnungen gebohrt, besser noch einzelne Steine freigefräst und nach der Vollfüllung wieder eingesetzt (vgl. Abbildung 3).

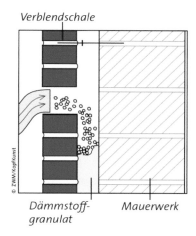

Abbildung 3: Vollverfüllung (Kerndämmung) [1]

Bewährt haben sich Dämmstoffen wie Perlite (ein mit Silicium hydrophobiertes
Lavagestein), RigiPerl (Polystyrol-Partikelschäume), Rockwool-Granulat (ein natur-
harzgebundenes Steinwollerzeugnis), SLS 20 (ein Granulat aus Blähglas) und Iso-Schaum
(ein Kunstharzprodukt aus dem Bergbau).

Welches Material am besten eingesetzt wird und wie sich die Maßnahme wirtschaftlich
darstellt, lässt sich nur objektspezifisch bestimmen. Detaillierte Informationen erhalten
Planer und Bauherren bei den Dämmstoffanbietern und bei erfahrenen Handwerkern.

3   Innendämmung

Wenn Luftschichten nicht vorhanden sind oder aber festgestellt wird, dass Luftschichten
durch Bauschutt verfüllt oder Verstopft sind, bleibt in der Regel nur eine Innendämmung.
Die Innendämmung hat zwar den Nachteil Wohnfläche zu verbrauchen, andererseits aber
auch den Vorteil einer einfachen wirtschaftlichen Konstruktion.

Im Gegensatz zu Außendämmsystemen können je nach System, Außenwände bei
Innendämmung nicht zum sommerlichen Wärmeschutz beitragen. Weiterhin ist der
Brandschutz bei Verwendung brennbarer Dämmstoffe (z.B. organische Schäumen wie
Polystyrol- oder Polyurethan) bedenklich. Hinzu kommen Mieterbeeinträchtigungen wie
zum Beispiel mangelhafte Befestigungsmöglichkeiten an innen gedämmten Wänden, aber
vor allem die mit einer Innendämmung verbundenen Probleme in Bezug auf Wärmebrücken,
Tauwasser und die Reduzierung des Trocknungspotenzials.

3.1   Calciumsilikat

Positive Erfahrungen sind in den letzten Jahren vor allem mit Innendämmungen aus
Calziumsilikat Baustoffen gemacht worden. Bei solche Calciumsilikat- oder Klimaplatten

handelt sich um einen überwiegend mineralischen Baustoff, der aus Siliziumdioxid, Calziumoxid, Wasserglas und Zellulose besteht und mit Hilfe von Wasserdampf gehärtet wird. Die Platten sind formstabil, druckfest, nicht brennbar, diffusionsoffen, alkalisch und baubiologisch unbedenklich. Ihre Eigenschaft, Feuchtigkeit aufzunehmen, zu puffern und abzugeben und ihre wärmedämmende Wirkung macht sie daher gerade für Innendämmungen interessant.

3.2   POROTON®-WDF

Ein weiteres "massives" Innendämmsystem sind gefüllte Ziegel (POROTON®-WDF). Poroton WDF ist ein diffusionsoffenes, kapillaraktives Ziegel Innendämmsystem (vgl. Abbildung 4). Die Struktur des mineralischen Baustoffs stellt die Wärmedämmung sicher, hat gute brandschutztechnische Eigenschaften, ist belastbar (Regale, Schränke etc.) und bietet Widerstand gegen mechanische Beanspruchungen (z.B. auch Turnhallen). Wichtige bautechnische Parameter sind [2]:

- Bemessungswert der Wärmeleitfähigkeit λ_R i.M. 0,060 W/(mK)
- Wasseraufnahmekoeffizient Ziegelschale $A_{W,Z} = 26,4$ kg/(m²h^{0,5}) beziehungsweise 0,444 kg/(m²h^{0,5})
- Wasseraufnahmekoeffizient Perlitfüllung $A_{WPZ} = 0,222$ kg/(m²h^{0,5}) beziehungsweise 0,0037 kg/(m²h^{0,5})
- Brandschutz (Baustoffklasse) A2 – s1,d0

Abbildung 4: Prinzip der Innendämmung mit Poroton WDF [2]

d 80 mm   d 120mm   d 180mm

Abbildung 5: Variation der Wandstärke von 80 bis 180 mm [2]

Durch die Kombination aus Ziegel und Perlitfüllung werden bei optimaler Planung und
Ausführung die in der Regel mit einer Innendämmung verbundenen Probleme, wie
Wärmebrücken, Tauwasser und die Reduzierung des Trocknungspotenzials, minimiert.

4   Literatur

[1]   Zweischalige Wand Marketing e.V.: Schaumburg-Lippe-Straße 4; 53113 Bonn

[2]   Schlagmann Poroton GmbH & Co. KG; Ziegeleistraße 1, 84367 Zeilarn.

Runderneuerung von Kastenfenstern aus Holz

Dipl.-Holzwirt Eike Gehrts[1]

[1] Technische Beratung – Fenster, Türen, Holzwerkstoffe, Beethovenstr. 22 a, D-35440 Linden-Leihgestern

Kurzer Überblick

Kastenfenster aus Holz gehören in ganz Europa und darüber hinaus seit über 200 Jahren zu den prägenden Elementen verschiedener Baustile und -epochen. Ihre guten Gebrauchs- und Funktionseigenschaften sowie ihre hohe, ästhetische Wertigkeit sprechen insbesondere im Baudenkmal für ihren Erhalt. Die Runderneuerung von Kastenfenstern ist ein wissenschaftlich abgesichertes, seit 1999 praktiziertes und ganzheitliches Maßnahmenpaket. Dieses sollte nicht in Einzelleistungen aufgeteilt werden, da diese zu keinem nachhaltigen Erfolg führen. Durch eine fach- und sachgemäße Runderneuerung der Kastenfenster lassen sich erhebliche Energieeinsparungen erzielen. Außerdem können renovierte Kastenfenster günstige Schallschutzeigenschaften aufweisen und tragen somit zum verbesserten Schutz der Bewohner vor Lärmbelästigungen bei. Durch zusätzliche Maßnahmen kann auch der Widerstand gegen Einbruchsversuche verbessert werden.

Schlagwörter: Holzkastenfenster, Runderneuerung, Denkmalschutz, Energieeinsparung

1 Einführung

Kastenfenster aus Holz, auch als Kastendoppelfenster (KDF) bezeichnet, sind im europäischen Raum und darüber hinaus weit verbreitet und gelten seit mehr als 200 Jahren als bewährte Fensterkonstruktion. Als wesentliche Gestaltungsmerkmale haben sie während des 19. und zu Anfang des 20. Jahrhunderts die verschiedensten Baustile und -epochen geprägt (vgl. Abbildung 1).

Abbildung 1: Gebäude verschiedener Baustile mit Kastenfenstern, links: „Gründerzeitliches" Gebäude (Ende 19.
Jh.), Mitte: „Jugendstil"-Gebäude (Anfang 20. Jh), rechts: „Bauhausstil"-Gebäude (1920er-Jahre), Bildquellen:
links: Eike Gehrts, Linden, Mitte & rechts: Dirk Sommer, Berlin

In Deutschland ist derzeit noch ein Bestand von ca. 50 Mio. Kastenfenstern vorhanden, davon
allein 1 Mio. in Berlin [1]. Aufgrund verschiedenster Einflüsse (Nutzerverhalten,
durchgeführte oder unterlassene Wartungsmaßnahmen, Witterungseinflüsse, Kriegsschäden)
können sie sich in den unterschiedlichsten Unterhaltungszuständen befinden (vgl.
Abbildungen 2 und 3)

Abbildung 2: Völlig abgewittertes
Kastenfenster, Dichtheit nicht mehr gegeben,
Kitt ausgetrocknet und brüchig oder nicht mehr
vorhanden
(Bildquelle: Dirk Sommer, Berlin)

Abbildung 3: Kastenfenster in gutem Erhaltungszustand
(Bildquelle Eike Gehrts, Linden)

Trotzdem sprechen die guten Gebrauchs- und Funktionseigenschaften von Kastenfenstern
sowie ihre hohe, ästhetische Wertigkeit insbesondere im Baudenkmal für ihren Erhalt (vgl.
Abbildung 4).

In den 1990er Jahren wurde daher im Land Berlin ein Forschungsprojekt zur
„Runderneuerung von Kastenfenstern" durchgeführt [2]. Daraus ergab sich ein
wissenschaftlich abgesichertes, seit 1999 praktiziertes und ganzheitliches Maßnahmenpaket,

das den Stand der Technik und weitgehend auch die allgemein anerkannten Regel der Technik wiedergibt. Das Maßnahmenpaket ist im VFF Leitfaden HO.09 [3] niedergelegt.

Abbildung 4: Kastenfenster im Bestand, mit typischen Instandhaltungsmängeln links vor, rechts nach einer fachgerechten Runderneuerung (Bildquelle: Hans Timm Fensterbau, Berlin)

Für die Erhaltung des Kastenfensterbestandes spricht auch die Tatsache, dass ein Austausch der Kastenfenster gegen Isolierglasfenster nur mit massiven Eingriffen in den Baukörper und die bestehende Architektur möglich ist. Aufgrund der Konstruktion und der Geometrie (Bautiefe) der Kastenfenster ergibt sich ein günstiger Isothermenverlauf und eine positive innere Oberflächentemperatur am Übergang von Fenster zur Wand. Sie liegt im Normalfall über der schimmelpilzkritischen Temperatur von 12,6 °C, und geometrische Wärmebrücken mit zusätzlichen Wärmeverlusten sind weitgehend auszuschließen (Beispiel siehe Abbildung 5). Diese günstige Ausgangsbasis verändert sich, wenn historische Kastenfenster durch isolierverglaste Einfachfenster mit wesentlich geringerer Bautiefe ersetzt werden.

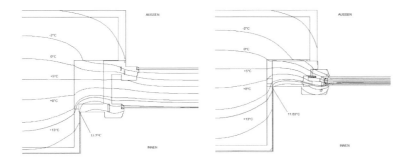

Abbildung 5: Wärmebrücken am isolierverglasten Einfachfenster (rechts), im Vergleich zum Kasten-Doppelfenster (links), Bildquelle: VFF Leitfaden HO.09

Bei dem Beispiel in Abbildung 5 steigt der Wärmeverlust beim Baukörperanschluss um 15 bis 25 %, die schimmelpilzkritische Temperatur wird an der inneren Oberfläche unterschritten, und Schimmelbefall in Teilbereichen der Leibung ist nicht auszuschließen.

Bei der Runderneuerung von Kastenfenstern verändert sich die günstige Einbausituation
nicht und stellt daher auch aus dieser Perspektive eine ökonomisch sinnvolle Variante dar.

2 Definitionen

2.1 Kastendoppelfenster

Das Kastendoppelfenster besteht aus zwei hintereinander angeordneten Einfachfenstern, die
über ein Futter verbunden sind. Der äußere Flügel ist an einem Blendrahmen angeschlagen,
während der innere Flügel an das Futter anschlägt. Beide Flügel sind voneinander
unabhängig und besitzen getrennte Verschlussmöglichkeiten (vgl. Abbildung 6). Sie
unterscheiden sich regional durch unterschiedliche Holzdicken und Profilierungen.

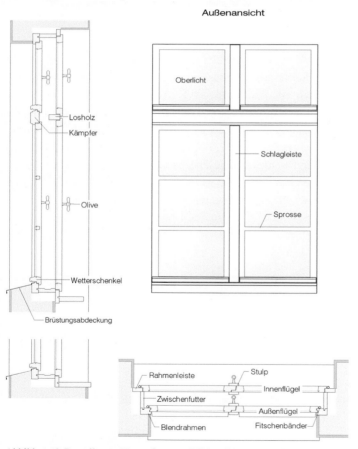

Abbildung 6: Bauteile von Kastenfenstern (Bildquelle: VFF Leitfaden HO.09)

2.2 Runderneuerung

Unter einer Runderneuerung versteht man eine ganzheitliche Überarbeitung eines Kastenfensters, d. h.:

- Holztechnische Überarbeitung der Blend- und Flügelrahmen.
- Entlackung und Farbneubeschichtung aller Holzteile;
- Entglasung, Neuverglasung – Glasabdichtung;
- Herstellen der Gang- und Schließbarkeit;
- Überarbeitung der Beschläge;
- Überarbeitung ggf. Erneuern von äußeren Brüstungsabdeckungen;
- Verbesserung der Dichtheit;
- Verbesserung des Wärmeschutzes;
- Verbesserung des Schallschutzes;
- Ggf. Verbesserung des Baukörperanschlusses.

3 Ablauf einer Runderneuerung

3.1 Allgemeines

Eine Runderneuerung von Kastenfenstern kann in zwei unterschiedlichen Bearbeitungsabläufen durchgeführt werden. I.d.R. erfolgen die komplette Überarbeitung der Flügel im Werk und die Überarbeitung der Blendrahmen vor Ort. Eine Runderneuerung kann optional durch einen Komplettausbau der Bauelemente mit einer vollständigen werksseitigen Überarbeitung erfolgen. Die Runderneuerung ist ein komplexer Vorgang, der mehrere Gewerke betrifft (Tischler/Schreiner, Maler, Glaser, Klempner). Sie muss ganzheitlich angegangen werden. Bei einer anstehenden Kastenfenster-Runderneuerung sollte daher ein darauf spezialisierter Fensterfachbetrieb eingeschaltet werden, der alle notwendigen Arbeiten gewerkeübergreifend anbieten kann und über die geeigneten Produktionsmittel und Werkstattausrüstungen verfügt. Eine Aufteilung des Maßnahmenpakets in Einzelleistungen bzw. Weglassung einzelner Maßnahmen (z.B. Entlackung/Neubeschichtung, Entglasung/Neuverglasung) führt nicht zu einem nachhaltigen Erfolg.

3.2 Bestandsaufnahme

Als Erstes muss eine Bestandsaufnahme am Objekt erfolgen, bei der der Umfang der notwendigen Arbeiten ermittelt wird. Dabei wird der Zustand der zu überarbeitenden Fenster festgestellt und die Anforderungen (z. B. des Denkmalschutzes) sowie die gewünschten Verbesserungen ermittelt (z. B. Dichtheit, Wärmeschutz, Schallschutz). Aus ökonomischen Überlegungen kann eine Totalerneuerung der Fensterkonstruktionen sinnvoll sein. Die

Instandsetzung/Verbesserung vorhandener Fenster kann daher in zwei Gruppen eingeteilt werden:

- Gruppe 1: Instandsetzung durch Teilerneuerung (Runderneuerung)
- Gruppe 2: Instandsetzung durch Totalerneuerung (Austausch).

3.3 Planung

Eine sorgfältige Planung ist mitentscheidend für den Erfolg der Sanierung. Bei der Bearbeitungsplanung muss ein entsprechendes Anforderungsprofil für die Fenster des jeweiligen Bauvorhabens vorgegeben werden. Anforderungen an Fenster bestehen üblicherweise:

- zum Wärmeschutz;
- zur Luftdichtheit;
- zur Schlagregendichtheit;
- zum Schallschutz;
- zur Standsicherheit.

Darüber hinaus können weitere Anforderungen z. B. hinsichtlich Einbruchhemmung, Sonnenschutz, Brandschutz, Lüftung usw. formuliert und vereinbart werden. Sämtliche Planungsvorgaben sowie die während der Planung identifizierten Anforderungen sind in der Ausschreibung der Leistungen für die Runderneuerung der Kastenfenster entsprechend zu berücksichtigen. Bei unklaren Vorgaben sind die Maßnahmen ggf. mit der zuständigen Denkmalschutzbehörde abzustimmen. Weiterhin ist bei der Planung festzulegen, welche Arbeiten am Objekt und welche im Werk durchgeführt werden.

3.4 Logistische Abwicklung

In der Regel werden die Flügelrahmen vor Ort gang- und schließbar gemacht, ausgehängt und zur Überarbeitung ins Werk gebracht. Dabei wird z.B. so vorgegangen, dass jeweils eine Verglasungsebene (außen/innen) zur Überarbeitung ins Werk gebracht wird und die am Objekt verbleibende Verglasungsebene den Raumabschluss sicherstellt. Zur eindeutigen Zuordnung von Flügeln zu Blendrahmen bzw. Fenstern werden alle Teile mit einer Identifikationsnummer gekennzeichnet. Diese Nummern sind unauslöschlich am Flügel anzubringen, und müssen nach Überarbeitung und beim Wiedereinbau der Flügel sichtbar sein.

Die Herstellung der Gang- und Schließbarkeit ist ein komplexer Vorgang. Dabei werden am Objekt entsprechende Anpassungen an Flügeln, Blendrahmen und Korrekturen der Lageabweichung am Beschlag, wie z.B. Kröpfen und Richten von Bändern und Versetzen von Beschlägen vorgenommen (vgl. Abbildung 7).

Korrektur der Lageabweichung...

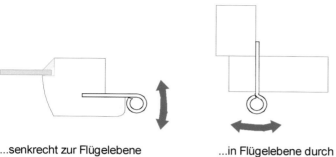

...senkrecht zur Flügelebene
durch Kröpfen der Bänder am
Flügel

...in Flügelebene durch
Kröpfen der Bänder am
Blendrahmen

Abbildung 7: Korrektur der Lageabweichung (Bildquelle: VFF Leitfaden HO.09)

Durch die vorgenannten Maßnahmen können Fenster gang- und schließbar gemacht werden. Deswegen sind abrasive Korrekturen, die die Abmessung der Rahmenprofile verändern, wie Hobeln oder starkes Schleifen, nicht zulässig. Unter der Voraussetzung, dass die Flügel und Blendrahmen ursprünglich passgenau hergestellt wurden, erscheinen solche Korrekturen am Holz nicht fachgerecht. Beim Einhängen des überarbeiteten Fensterflügels in den Rahmen dürfen nur noch Kleinstkorrekturen ohne Beschädigung der Beschichtung vorgenommen werden.

3.5   Holztechnische Überarbeitung

Die holztechnische Überarbeitung umfasst im Wesentlichen alle Maßnahmen, die zur Erhaltung oder Wiederherstellung der Flügel- und Blendrahmenfunktion erforderlich sind:

- Nachverkleben defekter Eckverbindungen;
- Erneuern von Fensterecken;
- Verschließen offener Brüstungsfugen;
- Verschließen von Rissen;
- Überarbeitung der Blendrahmenunterstücke;
- Erneuern der Wassernasen und Wetterschenkel;
- Erneuern von stark geschädigten Rahmenteilen.

Dabei sollte die Holzfeuchte (13±2) % betragen, da es sonst durch Quellen und Schwinden zu erneuten Beschädigungen (z.B. Rissbildung) kommt. Bei Innenfensterkonstruktionen ist häufig eine geringere Holzfeuchte gegeben, die nicht gegen eine weitere Bearbeitung spricht. Sie sollte jedoch nicht weniger als 7 % betragen.

Durch holzzerstörende Pilze befallene Rahmenteile, z.B. hochbelastete Profile wie Wetterschenkel und Wassernasen (vgl. Abbildung 8) sind generell komplett auszutauschen. Kleine Einpassstücke auf der bewitterten Fläche erbringen keine Gebrauchstauglichkeit.

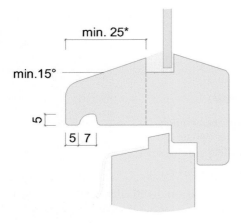

* Breite abhängig von Einbausituation
  z.B. Rollladen

Abbildung 8: Bemaßung von Wetterschenkel und Wassernase an einem Holzkastenfenster (Bildquelle: VFF Leitfaden HO.09)

Bei der Erneuerung von Rahmenteilen ist i.d.R. die gleiche Holzart wie beim verbleibenden Rahmen zu verwenden. Bei der Holzart Kiefer sollte jedoch Splintholz vermieden werden. Es empfiehlt sich nach Maßgabe des Auftraggebers ggf. geeignetere Holzarten, z.B. mit höherer Dauerhaftigkeit einzusetzen. Bezüglich der Holzqualität ist das VFF Merkblatt HO.02 [4] zu beachten.

Müssen neue Holzteile mit dem bestehenden Rahmen verklebt werden, ist ein geeigneter Klebstoff zu verwenden und die Verklebung hat vollflächig zu erfolgen. Bei bewitterten Fugen ist ein Klebstoff der Beanspruchungsgruppe D 4 nach EN 204 [5] einzusetzen.

3.6   Entlackung und Neubeschichtung

3.6.1   Entlackung

Bestehende Altanstriche auf Holzkastenfenstern weisen häufig mehrere Lagen mit Staub- und Schmutzablagerungen, unregelmäßige oder hohe Schichtdicken (> 400 μm), poröse Beschichtungen oder Risse und Abplatzungen auf (vgl. Abbildung 9).

Abbildung 9: Risse und Abplatzungen in der Beschichtung des äußeren Flügelrahmenunterstücks an einem Kastenfenster (Bildquelle: Eike Gehrts, Linden)

Bei der Runderneuerung von Kastenfenstern ist eine vollständige Entlackung vor der Neubeschichtung notwendig. Weiße Altbeschichtungen enthalten häufig Schwermetalle (Blei, Zink). Daher sind bei der Entlackung im Werk die entsprechenden Sicherheitsvorschriften zu beachten, z.B. die TRGS 505 [6].

Zur Entlackung hat sich in der Praxis insbesondere das Warmluftverfahren als geeignet erwiesen. Andere Verfahren, welche die Holzstruktur oder Beschläge angreifen bzw. zerstören, wie z.B. maschinelle Entlackung mit rotierenden Maschinen, z.B. Hobeln oder Schleifen (Welligkeit, Riefen), Hochdruckstrahlen (Zerstörung der Ligninstruktur), Ablaugen (Schwächung der Holzstruktur und Zerstörung von Metallen), sind nicht geeignet. Das Warmluftverfahren kann sowohl am Objekt als auch im Werk eingesetzt werden. Das Abbeizverfahren ist nur in begrenztem Maße anwendbar, insbesondere bei kleinflächigen Teilen wie z.B. Zierstücken oder profilierten Zierleisten.

3.6.2 Neubeschichtung

Der Neuaufbau der Farbbeschichtung hat bei der Runderneuerung eine besondere Bedeutung. Mit der Neubeschichtung ist ein ausreichender Schutz der Holzteile herzustellen. Eine wässerige Grundierung der Hölzer ist nicht möglich. Nur durch eine lösemittelhaltige Grundierung kann das an der Holzoberfläche vorhandene Harz/Leinölfirnis angelöst und dadurch eine Penetration der Grundierung in das Holz erreicht werden. Zur Erreichung einer gesicherten Haftungsbrücke zwischen dem Holz und der nachfolgenden Beschichtung wird eine zweimalige Grundierung mit lösemittelhaltigen Produkten empfohlen. Nach den Grundierungen und dem Zwischenschliff sind alle Hirnholzteile mit einem ausreichenden Hirnholzschutz zu versehen. Die Zwischen- und Endbeschichtung erfolgt dann mit wasserlöslichen Produkten (vgl. Abbildung 10).

Abbildung 10: Runderneuerte Kastenfenster mit zweifarbiger Beschichtung (Bildquellen: Hans Timm Fensterbau, Berlin, links, Eike Gehrts, Linden, rechts)

3.7 Entglasung und Neuverglasung

3.7.1 Entglasung

Im Rahmen der Runderneuerung werden die Fenster grundsätzlich entglast. Nur so kann sichergestellt werden, dass Neuanstrich und Verglasung nach den anerkannten Regeln der Technik erfolgen können. Sollen die Scheiben wiederverwendet werden, sind sie zerstörungsfrei aus dem Glasfalz zu lösen. Ansonsten werden die die Scheiben mit einem Glasschneider zweimal gekreuzt angeritzt und nahe der Lichtfase vorsichtig gegen das Kittbett ausgeschlagen.

Die im Glasfalz verbliebenen Kittreste sind auszufräsen. Beim Ausfräsen wird der Glasfalz geringfügig vergrößert, wodurch Kittreste und eventuell am Glasfalz durch das Ausglasen entstandene kleine Kantenschäden vollständig entfernt und die Falzprofilierung wieder scharfkantig hergestellt wird. Werden bei der Neuverglasung Scheiben mit einer größeren Dicke als im Bestand verwendet, sind entsprechende Glasfalzmaße herzustellen, wobei die Tragfähigkeit der Rahmen nicht beeinträchtigt werden darf. Reicht für den gewählten, neuen Scheibenaufbau der vorhandene Glasfalz nicht aus, muss insbesondere bei Innenflügeln eine Aufdoppelung durch eine Aufleistung an der Kittfalzseite erfolgen.

3.7.2 Neuverglasung

Die Neuverglasung ist gemäß den einschlägigen Regelwerken des Glaserhandwerks auszuführen. Der Glasaufbau des Kastenfensters im Innen- und Außenflügel ist gemäß den Nutzungsanforderungen, insbesondere Wärme- und Schallschutz auszuwählen. Bei der Neuverglasung sind die Anforderungen der jeweils gültigen EnEV [7] für die Umverglasung von Kastenfenstern zu berücksichtigen. Eine Ausnahme hiervon stellen Objekte dar, die unter § 24 Abs. 1 der EnEV fallen.

Die Verglasung erfolgt mit freier Dichtstofffase, Vorlegeband, Verklotzungen und Dichtstoffen [8]. Bevor die Neuverglasung erfolgt, müssen die Glasfalze endbeschichtet sein. Leinölkitte sind von der Verwendung ausgeschlossen, da sie auf endlackierten Oberflächen nicht haften.

Die Versiegelung der neuen Scheiben darf nur mit Kittersatzmassen durchgeführt werden, die den Anforderungen nach DIN 18545, Teil 2 [8] Gruppe E, und der ift-Richtlinie "Prüfung und Beurteilung von Schlierenbildung und Abrieb von Verglasungsdichtstoffen" [9] entsprechen. Vorzuziehen ist ein elastischer Einkomponenten-Dichtkitt auf Basis modifizierter Siloxanharze, wetterbeständig, wartungsfrei und überstreichbar. Um unerwünschte Wechselwirkungen zwischen dem zu verwendenden Dichtstoff und dem Beschichtungssystem zu vermeiden, sollte in jedem Fall die Verträglichkeit zwischen dem verwendeten Dichtstoff und dem eingesetzten Beschichtungssystem gegeben sein.

Bei der Ausführung muss die innere und die äußere Kittersatzmasse die Scheibe in gleicher Höhe abdecken. Die Scheibenflächen, vor allem, wenn beschichtete Einfachscheiben zum Einsatz kommen, dürfen nicht durch den Dichtstoff/ das Glättmittel verunreinigt werden (vgl. Abbildung 11).

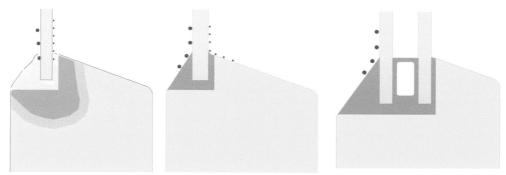

Abbildung 11: Kittfalz vor und nach der Runderneuerung (Bildquelle: VFF Leitfaden HO.09)

3.8   Überarbeitung der Beschläge

Beschläge weisen eine große Vielfalt auf. Auch „historische" Beschläge müssen durch eine regelmäßige Wartung in einem gebrauchstauglichen Zustand erhalten werden. Überbeanspruchte, beschädigte oder lose Beschläge setzen die Funktion eines Flügels außer Kraft und stellen auch ein Sicherheitsproblem für den Bediener dar.

Die Gängigkeit von Beschlägen ist zu verbessern, indem die beweglichen Teile allseitig geölt werden, die Verschlussteile gefettet werden und lose Beschlagteile befestigt werden. Es sind ausschließlich säure- und harzfreie Öle und Fette zu verwenden. Ist die Funktionsfähigkeit damit nicht wieder herzustellen oder sind besondere Anforderungen an den Beschlag gestellt, muss der gesamte Beschlag erneuert werden. Dabei ist das historische Erscheinungsbild im Rahmen der technischen Möglichkeiten zu wahren.

Historische Fensterkonstruktionen und ihre Beschläge haben als wesentlicher Bestandteil der Baugestaltung und als Zeugnis der Handwerksgeschichte eine Wertigkeit und sind weitestgehend zu belassen. Durch Reparaturarbeiten ist die Gebrauchstauglichkeit sicher zu stellen. Bei einer notwendigen Erneuerung sind historisch wertvolle Beschläge nach Möglichkeit material- und formgerecht nachzubauen.

Basküle- und historische Stangenverschlüsse sind in ihren Holzführungen so herzustellen, dass nach dem Einriegeln ein ausreichender Andruck des Flügels gegeben und ein „Klappern" ausgeschlossen ist. Ebenso sind Verriegelungskloben, Schließbleche und Zungenschließbleche als Beschlagteil für Einreiberverschlüsse auf ihren ordnungsgemäßen Sitz zu überprüfen und ggf. nachzurichten. Ein ordnungsgemäßer Sitz ist dann gegeben, wenn Griffoliven in Verschlussstellung ohne Abweichungen waagerecht bzw. senkrecht stehen (vgl. Abbildung 12).

Abbildung 12: Griffolive an einem Baskülverschluss (Bildquelle Eike Gehrts, Linden)

Der erforderliche feste Sitz von Fitschenbändern ist zu überprüfen, ggf. herzustellen. Der Fitschenband-Sitz ist so auszurichten, dass „hängende" Flügel wieder in ihre ursprüngliche Anschlag-Position gebracht werden (vgl. Abschnitt 3.4, Abbildung 7).

3.9 Verbesserung der Dichtheit

Bei der Runderneuerung von Kastenfenstern sind durch den Einbau entsprechenden Dichtungen die Schlagregendichtheit und die Luftdurchlässigkeit zu verbessern. Aus bauphysikalischen Gründen sind die Verbesserung der Luftdurchlässigkeit und der

Schlagregendichtheit räumlich zu trennen. Zur Verbesserung der Schlagregendichtheit wird daher das Blendrahmenunterstück des Außenfensters mit einer entsprechenden Dichtung ausgerüstet und die Blechabdeckung auf ihre Dichtheit geprüft und ggf. erneuert (vgl. Abbildung 13).

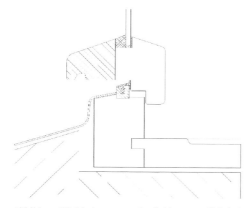

Abbildung 13: Verbesserung der Schlagregendichtheit am Außenflügel (Bildquelle: VFF Leitfaden HO.09)

Um einer möglichen Tauwasserbildung im Kastenzwischenraum entgegen zu wirken, sind entsprechend dem Prinzip „Innen dichter als Außen" Maßnahmen zur Verringerung der Luftdurchlässigkeit an den Innenflügeln des Kastenfensters erforderlich. Hierzu sind die Innenflügel mit einer umlaufenden Lippendichtung zu versehen. Wo dies aufgrund konstruktiver Gegebenheiten nicht möglich ist, sind individuelle Lösungsmöglichkeiten zu suchen (vgl. Abbildung14).

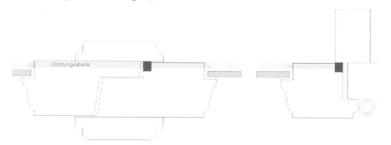

Abbildung 14: Innere Abdichtung bei Stulpausbildung (Bildquelle: VFF Leitfaden HO.09)

3.10 Verbesserung des Wärmeschutzes

Der Wärmedurchgangskoeffizient (U_W-Wert) eines Bestands-Kastenfensters beträgt etwa 3,0 W/m²K. Die Fenster müssen daher im Regelfall an die aktuellen Anforderungen des Wärmeschutzes nach jeweils gültiger Energieeinsparverordnung [7] angepasst werden. Zumindest muss eine Glastafel mit einer Infrarot-reflektierenden Beschichtung mit einer Emissivität $\varepsilon_n \leq 0{,}20$, im Regelfall am raumseitigen Flügel, eingebaut werden. Durch den

Einbau von Isolierverglasungen im Innenflügel, ggf. auch in Kombination mit pyrolitisch beschichteten Scheiben (K-Glas) im Außenflügel, lassen sich die U-Werte von Kastenfensterkonstruktionen auf Neubauniveau ertüchtigen. Wegen der geringen Bautiefe der Bestandsflügel werden i.d.R. Isolierverglasungen mit geringen Scheibenzwischenräumen von 4 bis 8 mm eingesetzt. Der U-Wert der Isolierglaseinheit kann durch die Wahl der Gasfüllung (z.B. Argon/Krypton) optimiert werden. Tabelle 1 zeigt verschiedene Kombinationsmöglichkeiten und die damit erreichten U_W-Werte.

Tabelle 1: Verbesserter Wärmeschutz durch verschiedene Verglasungen

Verglasung	U_g (W/m²K)	g (%)	U_W (W/m²K)
3 FL-100-3 FL (Bestand)	2,9	77	2,8 ... 3,0
4 FL-100-4 K$^+$	1,9	71	1,5
4 FL-100-4 FL/6 Ar/4^{S3}	1,4	56	1,3
4 FL-100-4 FL/8 Ar/4^{S3}	1,3	56	1,2
4 K$^+$-100-4 FL/6 Ar/4^{S3}	1,1	52	1,1
4 K$^+$-100-4 FL/8 Ar/4^{S3}	1,0	52	1,0
4 K$^+$-100-4 FL/6 Kr/4^{S3}	0,90	52	0,97
4 K$^+$-100-4 FL/8 Kr/4^{S3}	0,80	52	0,91

U_g: Wärmedurchgangskoeffizient des Glases
g: Gesamtenergiedurchlassgrad
U_W: Wärmedurchgangskoeffizient des Fensters
3/4: Dicke der Glastafel in mm
FL: Floatglas
100: Breite des Kastenzwischenraums (mm)
K$^+$: pyrolytisch beschichtete Glastafel („K-Glas")
6/8: Breite des Scheibenzwischenraums (SZR) in mm
Ar: Füllgas Argon
4^{S3}: beschichtete Glastafel, Dicke 4 mm
Kr: Füllgas Krypton

Durch den Einbau der Dichtung am Innenflügel und den Einsatz von beschichtetem Glas kommt es zu entscheidenden Veränderungen der Oberflächentemperaturen an beiden Verglasungen. Bei einem Kastenfenster aus dem Bestand liegt, entsprechend dem Beispiel in Abbildung 14 die innere Oberflächentemperatur der Innenscheiben (bei -15 °C Außentemperatur und 20 °C Innenraumtemperatur) bei etwa 7,9 °C. Die innere Oberflächentemperatur der Außenscheibe liegt bei etwa -10,4 C. Beim Einsatz von beschichtetem Glas erhöht sich die Oberflächentemperatur der Innenscheiben auf etwa 11,9 °C und die der Außenscheiben liegt jetzt bei etwa -12,0 °C. Bei Einbau einer

Isolierglasscheibe im Innenflügel ändern sich diese Werte auf etwa 15,5 °C an der Innen- und -12,9 °C an der Außenscheibe (vgl. Abbildung 15).

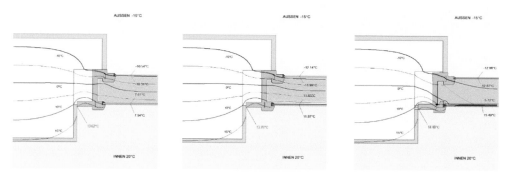

Abbildung 15: Isothermenverlauf am Kastenfenster, Links: Bestand, Mitte: mit beschichteter Glastafel, rechts: mit Zweischeibenisolierglas (Bildquelle: VFF Leitfaden HO.09)

Durch die Verbesserung des U_w-Werts kommt es also zu einer Erhöhung der Temperaturdifferenz. Damit steigt die Gefahr der Tauwasserbildung an der Innenseite der Außenscheibe (vgl. Abbildung 16) beträchtlich und zusätzliche Maßnahmen sind unumgänglich.

Abbildung 16: Erhebliche Tauwasserbildung auf der Innenseite der Außenscheiben eines Kastenfensters (Bildquelle: Dirk Sommer, Berlin)

Grundlage für einen fachgerechten, tauwasserfreien inneren Baukörperanschluss eines neuen Fensters sind dabei Isothermenberechnungen (vgl. Abbildung 15) und der Nachweis des Temperaturfaktors f_{Rsi}. Dieser wird nach folgender Formel berechnet:

$$f_{R,si} = \frac{\theta_{si} - \theta_e}{\theta_i - \theta_e} \tag{1}$$

Dabei ist:

Θ_{si} = die raumseitige Oberflächentemperatur

Θ_i = die Innenlufttemperatur

Θ_e = die Außenlufttemperatur

Gemäß Anforderung soll der Temperaturfaktor $f_{Rsi} \geq 0,7$ sein.

Der Kastenzwischenraum muss zur Außenseite hin zum Druckausgleich und Luftaustausch geöffnet sein. Bei der Runderneuerung von Kastenfenstern werden daher Schlitze von 80 mm Länge und 5 mm Tiefe in den Falzüberschlag der Flügelrahmen eingefräst (vgl. Abbildung 17 links). Durch den Unterdruck im Bereich der unteren Schlitze und Überdruck bei den oben angeordneten Schlitzen entsteht ein wirksamer Luftaustausch. Er wird intensiver, je größer der Abstand zwischen den unteren und oberen Öffnungen ist (vgl. Abbildung 17 rechts). Selbst dann ist jedoch ein Tauwasserausfall nicht grundsätzlich zu vermeiden.

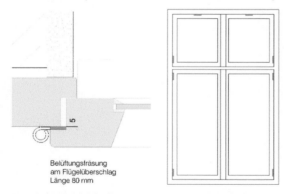

Belüftungsfräsung
am Flügelüberschlag
Länge 80 mm

Abbildung 17: Belüftungsfräsung am Flügelüberschlag (Beispiel)

3.11 Verbesserung des Schallschutzes

Historische Kastenfensterkonstruktionen vor der Runderneuerung weisen Schalldämmwerte R'_w = 27 bis 31 dB auf. Nach dem Einbau wirksamer innerer Flügelfalzdichtungen ergaben sich Verbesserungen von 3 bis 4 dB. Bei Verwendung dickerer Glastafeln beim Innenflügel sind weitere Schalldämmverbesserungen von 3 bis 5 dB zu erreichen. Messungen an runderneuerten Kastenfenstern mit wirksamen Dichtungen und dickeren Gläsern ergaben Werte von 37 bis 40 dB. Schalldämmverbesserungen mit Anforderungen über 40 dB sind nur mit neuen Innenflügeln entsprechend der technischen Anforderungen zu gewährleisten. Die schalltechnische Verbesserung des Hohlraums zwischen Kastenzwischenraum und Fensterleibung ist bei Anforderungen über 40 dB dringend notwendig.

3.12   Verbesserung des Baukörperanschlusses

Bei der Runderneuerung von Kastenfenstern besteht die Möglichkeit der Überarbeitung der äußeren und inneren Anschlüsse auch ohne Demontage der Fenster. Zur Verbesserung des Wetterschutzes können die äußeren Anschlüsse ggf. mit einem Kompriband abgedichtet werden. Innenseitig kann die Anschlussfuge geöffnet werden, so dass die Fuge mit wärmedämmendem Material ausgestopft und eine Dampfsperre eingebracht werden kann. Können die Kastenfenster zur Runderneuerung komplett ausgebaut werden, hat der Wiedereinbau nach den anerkannten Regeln der Technik zu erfolgen. Hinweise dazu gibt z.B. der „Leitfaden zur Montage" [10] der Gütegemeinschaften Fenster und Haustüren.

3.13   Neuanfertigung von Kastenfenstern oder Teilen davon

Nach [1] sind bis zu 90 % der Kastenfenster im Bestand für eine Runderneuerung geeignet. Wird bei der Bestandsaufnahme (vgl. Abschnitt 3.2) entschieden, dass die gesamte Kastenfensterkonstruktion oder Teile davon, z.B. das Außenfenster, durch eine Neukonstruktion zu ersetzen sind, hat diese, insbesondere im Baudenkmal, streng nach dem historischen Vorbild zu erfolgen. Besonderes Augenmerk ist dabei auf die Auswahl einer geeigneten Holzart zu legen. Sie sollte eine ausreichende natürliche Dauerhaftigkeit aufweisen, um auf zusätzlichen chemischen Holzschutz verzichten zu können. Neben den „klassischen" Holzarten Eiche und Lärche hat sich mittlerweile auch Globulus (*Eucalyptus globulus*), eine Eukalyptusart aus Nordwestspanien (Provinz Galizien) als geeignete Holzart für die Neuanfertigung von Kastenfenstern im Baudenkmal etabliert. So wurden z.B. bei der Sanierung des Rathauses in Remscheid im Jahr 2012 zu erneuernde Teile von Kastenfenstern aus Globulus angefertigt (vgl. Abbildung 18).

Abbildung 18: Rathaus Remscheid, Sanierung teilweise mit Fenstern aus *Eucalyptus globulus* (Bildquelle: PaXClassic GmbH, Bad Lausick)

4   Literatur

[1]   Schrage-Aden, P.: *Sanierung von alten Kastendoppelfenstern auf Neubaustandard.* Berlin, Umweltamt Steglitz-Zehlendorf, 2012

[2]   Timm, H.: *Forschungsbericht Runderneuerung von Kastenfenstern*, Berlin: Hans Timm Fensterbau GmbH, 2001

[3]   VFF-Leitfaden HO.09: *Runderneuerung von Kastenfenstern.* Frankfurt a.M., Verband Fenster + Fassade, 2014

[4]   VFF Merkblatt HO.02: *Auswahl der Holzqualität für Holzfenster und -haustüren,* Frankfurt a.M., Verband Fenster + Fassade, 2015

[5]   EN 204: *Klassifizierung von thermoplastischen Holzklebstoffen für nicht tragende Anwendungen*, Berlin: Beuth, 2001

[6]   TRGS 505: *Technische Regeln für Gefahrstoffe 505 (Blei),* Dortmund, Bundesanstalt für Arbeitsschutz und Arbeitsmedizin (BAuA), 2007

[7]   EnEV: *Verordnung über einen energiesparenden Wärmeschutz und energiesparende Anlagentechnik bei Gebäuden (Energieeinsparverordnung)*, Berlin: Bundesgesetzblatt, 21.11.2013

[8]   DIN 18545-2: *Abdichten von Verglasungen mit Dichtstoffen – Teil 2: Dichtstoffe – Bezeichnung, Anforderungen, Prüfungen*, Berlin: Beuth, 2008

[9]   ift-Richtlinie: *Prüfung und Beurteilung von Schlierenbildung und Abrieb von Verglasungsdichtstoffen*, Rosenheim: Institut für Fenstertechnik e.V. (ift), 1998

[10] Leitfaden zur Montage: *Der Einbau von Fenstern, Fassaden und Haustüren mit Qualitätskontrolle durch das RAL-Gütezeichen*, Frankfurt a.M., RAL-Gütegemeinschaft Fenster und Haustüren e.V., 2014, ISBN 3-00-003832-X

Innendämmung bei Holzbalkendecken – Regeln für eine schadenfreie Sanierung

Dipl.-Ing. (FH) Ulrich Arnold M. Sc.[1], Dipl.-Ing. Ulrich Ruisinger[2]

[1] Gutachterbüro Arnold, Frohlinder Straße 50, D-44577 Castrop-Rauxel
[2] Technische Universität Dresden, Institut für Bauklimatik, Zellescher Weg 17, D-01062 Dresden

Kurzer Überblick

Die Auswirkungen von Innendämm-Maßnahmen in der Zone des Balkenkopfs werden erläutert. Die Bestandsuntersuchung wird als wichtige Grundlage hervorgehoben. Außerdem werden einige wichtige Bedingungen angegeben, die bei der Planung und Ausführung zu beachten sind. In der Regel sollte die Balkenkopfsituation mit einer hygrothermischen Simulation nachgewiesen werden, damit eine Grundlage zur Einschätzung aus bauphysikalischer und holzschutztechnischer Sicht besteht.

Schlagwörter: Balkenkopf, Innendämmung, Schlagregen, Simulationsrechnung, Pilzbefall

1   Einführung

Die energetische Ertüchtigung von Denkmalgebäuden kann häufig nicht mit Außendämmungen vorgenommen werden. Hier bieten sich Innendämmungen zur Verbesserung des Wärmeschutzes – und damit Verminderung von Kohlendioxidausstoß durch Beheizung - an. Im Gebäudebestand finden sich häufig Holzbalkendecken. Die Innendämmung verändert die hygrothermischen Zustände im Bereich der Balkenauflager. Bei der Planung entsprechender Maßnahmen, müssen die Auswirkungen vorab genau genug eingeschätzt werden, um feuchtebedingte Holzschäden zu vermeiden. Der folgende Beitrag beschreibt zu beachtende Zusammenhänge und gibt Hilfestellungen für die erforderliche individuelle Planung von konkreten Maßnahmen.

2   Veränderungen im Feuchtehaushalt der Auflagerbereiche durch Innendämmung

Gegenüber einer massiven Mauerwerkswand ohne Innendämmung entsteht durch Aufbringen einer inneren Dämmschicht an der Außenwand eine Veränderung der Temperaturverhältnisse. Daran gekoppelt ist auch eine Veränderung der Feuchteverhältnisse. Wärme- und Feuchteschutz können nicht separat betrachtet werden.

2.1 Auswirkungen der Maßnahme auf das Mikroklima der Auflagertasche

Es ist nahe liegend, dass im Winter die Temperatur im Bereich des Balkenauflagers geringer ist als vor der Dämm-Maßnahme. Dadurch steigen die relative Luftfeuchte in Hohlräumen sowie die Porenluftfeuchte in den Baustoffen an, weil die relative Luftfeuchte temperaturabhängig ist. Außerdem Verändert die Dämmschicht den Feuchteaustausch der Wand mit der Innen- und Außenluft, weil die zusätzlichen Bauteilschichten vom Wasserdampf diffusiv überwunden werden müssen. Das kann sowohl weniger Eintrag von Wasserdampf in die Konstruktion aus der Raumluft, als auch weniger Verdunstung von Bauteilfeuchte zum Innenraum bedeuten. Durch die vorgenannten Effekte wird auch die Verdunstung eindringenden Schlagregens vermindert. Die schlagregenbeanspruchten Mauerwerkszonen werden also feuchter. Wenn über Fugen und Spalte die feuchtebeladene Raumluft in den Auflagerbereich eindringen kann, entstehen weitere Feuchterisiken bis zur Gefahr von Tauwasserausfall.

3 Zu beachtende Grundregeln

In den letzten Jahren wurde gezielt zum Thema geforscht und es wurden Erfahrungen mit verschiedenen Ausführungen gesammelt (z. B. [1], [2], [3], [4]). Das Thema ist immer noch nicht erschöpfend wissenschaftlich geklärt, wesentliche Aspekte sind jedoch inzwischen hinreichend genau untersucht. Auch in den WTA-Merkblättern wurden Hilfestellungen zur Innendämmung allgemein ([5] und [6]) und zu Balkenköpfen [7] veröffentlicht. Anhand grundsätzlicher bauphysikalischer und holzschutztechnischer Überlegungen sowie o. g. Forschungsergebnisse und Arbeitshilfen können mit heutigem Wissensstand folgende Grundregeln (vgl. Abschnitt 3.1 bis 3.2) angegeben werden:

3.1 Nie ohne Bestandsuntersuchung agieren

Zu den Planungsgrundlagen gehört eine Bestandsuntersuchung. Diese muss die Bauteilgeometrie und die verwendeten Baustoffe erfassen. Außerdem müssen bereits vorhandene Schäden erfasst werden. Beispielsweise muss mindestens stichprobenweise überprüft werden, ob Holzschädlinge bereits Balkenköpfe geschädigt haben oder ob Putz- und Mauerwerksschäden vorliegen. Dazu ist erforderlich zumindest eine repräsentative Anzahl von Balkenköpfen frei zu legen. Ggf. kann dieses Vorgehen mit Endoskopie und anderen Untersuchungsverfahren kombiniert werden. Hilfreich ist, bei den Voruntersuchungen die aktuell vorhandenen Materialfeuchten zu ermitteln. Außerdem ist die Schlagregenaufnahme der Wand realistisch abzuschätzen. Ideal sind Messungen des Wasseraufnahmekoeffizienten an entnommenen Proben (vgl. Abbildung 1).

Abbildung 1: Bestimmung der Wasseraufnahme an Natursteinprismen.

Vor Ort kann mit „Franke-Platten" Prüfröhrchen nach Karsten oder nach Pleyers [8] sowie nach Mirowski die Wasseraufnahme an der Oberfläche unter hydrostatischem Druck bzw. ohne Druck (Mirowski) eingeschätzt werden (vgl. Abbildung 2a und b). Außerdem ist eine Messung über Berieselung und Rückwaage auf einer Fläche von 2040 cm² erfolgreich getestet worden und kann vorgenannte Vor-Ort-Verfahren ersetzen [9]. Die Genauigkeitsgrenzen der Messungen müssen bei der Bewertung berücksichtigt werden.

Abbildung 2a: Wassereindringprüfung mittels Karsten-Röhrchen. Das Röhrchen ist oben offen, deshalb wirkt der Druck der Wassersäule wie bei einem Regensturm.

Abbildung 2b: Wassereindringprüfung mittels Mirowski-Röhrchen. Das Röhrchen ist oben geschlossen, deshalb wirkt nur kapillares Saugen, kein Druck der Wassersäule.

Weitere Materialkennwerte können entweder tatsächlich gemessen werden oder Tabellenwerken und Datenbanken von Berechnungsprogrammen entnommen werden. Aufgrund der Variabilität von Materialeigenschaften sollten diese Werte innerhalb sinnvoller Grenzen variiert werden. Die Wasseraufnahme muss zusammen mit Rissen und anderen Oberflächenschäden sowie mit der individuellen Schlagregenbelastung der Fassaden betrachtet werden. Risse ab ca. (0,1 bis) 0,2 mm Breite erhöhen die Wasseraufnahme signifikant. In der Regel kommt Schlagregen in Deutschland aus Südwesten, an der Küste auch aus Nordwesten. Die Schlagregenkarte aus der [10], Datensätze des Deutschen Wetterdienstes, Berechnungen gemäß [11] und eigene Messungen lassen Rückschlüsse auf die klimatischen Einwirkungen zu. Dabei muss auch das Mikroklima beachtet werden. So ist zu klären, ob es in Nähe der Fassaden schützende Bebauung oder Pflanzenbestände gibt. Ob die Fassade besonders hoch und deshalb im oberen Bereich windexponierter ist usw..

3.2 Von Rahmenvorgaben der WTA-Merkblätter und der Holzschutznorm zum individuellen Nachweis

Um die Planung und hygrothermische Nachweise von Innendämmungen für die ungestörte Regelfläche zu vereinfachen, bietet das WTA-Merkblatt 6-4 [5] Hilfestellung. Hier wird auch ein vereinfachter Nachweis beschrieben. Dabei müssen die in Tab. 1 angegebenen Randbedingungen herrschen. Unter diesen Bedingungen kann in einem Diagramm (vgl.

Abbildung 3) die mögliche Kombination von s_d-Wert und Verbesserung des Wärmeschutzes abgelesen werden. Wenn Zweifel bezüglich Einhaltung der Randbedingungen bestehen, ist nach [12], [13], [6] und [14] bereits für die ungestörte Fläche ein Nachweis mittels hygrothermischer Simulation erforderlich. Ebenso bedingt der Einsatz „kapillaraktiver" Innendämmsysteme den Nachweis über Simulationen. Übliche Werkzeuge dafür sind die Softwarelösungen DELPHIN (Institut für Bauklimatik, TU-Dresden) oder WUFI (Fraunhofer Institut für Bauphysik).

Tabelle 1: Randbedingungen für den Vereinfachten Nachweis der Regelfläche nach [5]

Bedingung	Größe
Raumklima	Normale Feuchtelast gem. WTA 6-2 (Wohnraumtrocken)
Schlagregenschutz	Schützende Bekleidung nach DIN 4108-3 (z. B. Vorhangfassade, Zweischaliges Mauerwerk)
	Oder: Einschaliges Mauerwerk, normal schlagregenbeansprucht: w-Wert $\leq 0{,}5$ kg/m²√h
	Oder: Einschaliges Mauerwerk, besonders schlagregenbeansprucht in Schlagregenbeanspruchungsgruppe III: w-Wert $\leq 0{,}1$ kg/m²√h
Mindestwärmeschutz Bestandsmauerwerk	$R \geq 0{,}39$ m²K/W
Mittlere Jahrestemperatur Außenluft	$\geq 7\,°C$
Maximale Verbesserung des Wärmedurchlasswiderstands	$\Delta R \leq 2{,}5$ m²K/W (kapillar aktiver Untergrund) bzw. $\Delta R \leq 2{,}0$ m²K/W (nicht saugender Untergrund)

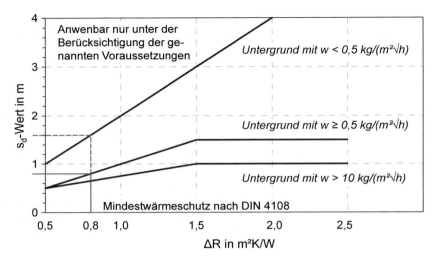

Abbildung 3: Beispiel für die Anwendung des vereinfachten Nachweises für ungestörte Wandbereiche. Wenn eine Wärmeschutzverbesserung von $\Delta R = 0,8$ m²K/W erzielt werden soll, ist auf einem Wanduntergrund (Innenputz in Kombination mit Mauerwerk) mit w-Wert $\geq 0,5$ kg/m²√h ein s_d-Wert von mindestens 0,8 m erforderlich (durchgezogene Linie). Bei w < 0,5 kg/m²√h ein s_d-Wert von mindestens 1,6 m (gestrichelte Linie). Datengrundlage: [5]

Bei der Innendämmung von Sichtfachwerk sind die WTA-Merkblätter 8-1 [15] und 8-5 [16] zu berücksichtigen. Aufgrund der vielen planmäßigen Fugen zwischen Ausfachung und Holz sowie des direkt bewitterten Holztragwerks sind Sichtfachwerkfassaden nur bei geringer Schlagregenbeanspruchung möglich. Grundregel nach [15] ist, dass Innendämmungen bei Sichtfachwerk eine Verbesserung des Wärmeschutzes von lediglich $\Delta R = 0,8$ m²K/W bei einem s_d-Wert der Innendämmung inklusive aller weiteren Innenoberflächenschichten von 0,5 bis 2,0 m aufweisen sollte. Diese Grundregel dient dazu Tauwasserrisiken zu begrenzen und genug Trocknungspotenzial für Tauwasser und Regen zur Innenraumluft sicherzustellen. In [16] werden Bauweisen dargestellt, die sich für Fachwerkinnendämmungen bewährt haben. Dabei können gelegentlich Abweichungen von den Randbedingungen aus [15] zustande kommen. Auch hier gilt, dass bei Abweichungen von bewährten Bauweisen und / oder Überschreitung von $\Delta R = 0,8$ m²K/W ein Feuchteschutznachweis erforderlich wird. Dieser ist in der Regel als Simulation gemäß [14] zu führen.

Wie dargestellt ist die Balkenkopfsituation kritischer als die ungestörte Fläche. Deshalb ist zur Beurteilung von Balkenköpfen zu empfehlen, eine Simulationsrechnung durchzuführen. Die dabei getroffenen Annahmen, die in die Rechnung eingehen, müssen ausreichend „auf der sicheren Seite" liegen. Wenn Fassaden in mehreren Himmelsrichtungen betroffen sind, sollte sowohl der Bereich mit der höchsten Schlagregenbelastung als auch der Bereich mit der geringsten solaren Einstrahlung betrachtet werden. Die Simulation muss sowohl für die Bestandskonstruktion durchgeführt und anhand der Voruntersuchungsergebnisse validiert werden, als auch die verschiedenen Innendämmvarianten als eine Art Parameterstudie berechnet werden. Das Berechnungsergebnis ist holzschutztechnisch zu bewerten. Eine ungefähre Größenordnung dazu ist z. B. Kehl [17] zu entnehmen. Hier gibt es jedoch noch Forschungsbedarf, um ausreichend bewährte instationäre Kriterien festzuschreiben.

Geplante Maßnahmen müssen für den Auflagerbereich der Balkenköpfe aus bauphysikalischer und holzschutztechnischer Perspektive beurteilt werden. Auf Basis der Holzschutz-Grundlagennorm DIN 68800-1 [18] ist für die Balkenköpfe eine Gebrauchsklasse (GK) zuzuordnen. Nur in Gebrauchsklasse 0 und 1 ist nicht von einer Pilzgefährdung auszugehen. Die Norm zum baulichen Holzschutz (DIN 68800–2 [19]) ordnet Balkenköpfe in Massivbauwänden nur dann der GK 0 zu, wenn „.... *durch bauliche Maßnahmen dafür gesorgt wird, dass im Bereich der Balkenköpfe keine unzuträgliche Erhöhung des Feuchtegehalts durch Tauwasserbildung oder andere Einflussfaktoren auftreten kann, z. B. durch zusätzliche außen liegende Wärmedämmschicht.*" Der informative Anhang D der Norm zu Grundlagen des Holzschutzes [18] ordnet „*unzureichend wärmegedämmte Balkenköpfe in Altbauten*" der GK 2 zu. Eine Pilzgefährdung ist folglich bereits für den Bestand als Regelfall anzusehen. Chemisch vorbeugender Holzschutz wäre damit für übliche Bauholzarten (außer <u>splintfreiem</u> Farbkernholz) an den Balkenköpfen anzuwenden. Ein chemisch vorbeugender Holzschutz kann bei großer Feuchtebelastung Fäulnis nur herauszögern aber meist nicht ganz verhindern. Die Erfahrung zeigt, dass die Einbausituation im ungedämmten Bestand häufig besser ist. In Altbauten sind nicht alle Balkenköpfe chemisch vorbeugend geschützt oder aus splintfreiem Farbkernholz. Dennoch sind nicht alle Balkenköpfe in Bestandsgebäuden pilzgeschädigt. Häufig ist für den Altbau damit tatsächlich eine Beanspruchung unter GK 2 vorhanden. Ein Großteil der im Bestand zu findenden Pilzschäden bei Balkenköpfen ist mit gravierenden Mängeln an Verputz, Dachdeckung und Dachentwässerung verknüpft. Anderenfalls wären bereits fast alle Holzbalkendecken an den Auflagern abgefault. Es liegt feuchtetechnisch also ein Grenzbereich vor, der anfällig für geringfügige Verschlechterungen ist. Das Pilzrisiko steigt durch die Innendämm-Maßnahme. Ein chemisch vorbeugender Nachschutz der Balkenköpfe bei Innendämm-Arbeiten ist nur begrenzt technisch umzusetzen und nur eingeschränkt wirksam. Deshalb bietet sich an, die Maßnahme so zu gestalten, dass ein holzschutztechnischer Nachweis eine Unterschreitung der GK 2 für die innengedämmten Balkenköpfe belegt. Dazu muss nachgewiesen werden, dass die Holzfeuchte nicht in unzuträgliche Höhe steigt.

In GK 1 und GK 2 darf die Holzfeuchte 20 % nicht überschreiten. Die Holzfeuchte ist in Masse-Prozent bezogen auf darrtrockenes Holz definiert [20]. Dieser Holzfeuchtewert enthält eine Sicherheitsmarge von einigen Prozentpunkten Holzfeuchte. Ersatzweise kann die relative Luftfeuchte am Holz betrachtet werden. Diese darf im Mittel maximal 85 % betragen. Die Grenzkriterien aus der Normung gehen von stationären Bedingungen aus. Tatsächlich

herrschen instationäre Feuchte- und Temperaturverhältnisse. Unter Beachtung eines
ausreichenden Sicherheitszuschlags ist es sachverständig möglich, instationäre
Simulationsergebnisse mit einem instionären Bewertungsmaßstab (z. B. [17]) zu betrachten.
Biologische Aktivität ist neben der Feuchtigkeit auch von der Temperatur abhängig. Deshalb
ist bei instationären Bewertungen eine leichte Überschreitung von 85 % relativer
Porenluftfeuchte bzw. 20 % Holzfeuchte in kurzen Zeitspannen geringer Temperatur
vertretbar. Einen genormten instationären Bewertungsmaßstab, der als anerkannte Regel der
Technik betrachtet werden kann, gibt es bislang nicht. Deshalb kann es sein, dass Fachleute
bei der Bewertung zu unterschiedlichen Einschätzungen kommen. In Größenordnung ist für
die Bewertung ungefähr von den Vorschlägen [17] auszugehen. Diese Bewertung gründet
sich auf Forschungsergebnissen von skandinavischen Arbeitsgruppen um Viitanen.
Zusammengefasst und von stationären Versuchsergebnissen in ein instationäres
Rechenmodell übertragen, sind diese Forschungsergebnisse z. B. unter [21] dargestellt. Zu
diesem vielversprechenden Modell liegen noch nicht ausreichende Praxiserfahrungen vor
und die Größe eines Sicherheitszuschlags für Abweichungen von Annahmen zur
Wirklichkeit ist noch nicht abschließend ausgelotet.

Auch die Feuchtewirkung auf Massivbaustoffe im Balkenauflager verdient eine gesonderte
Einschätzung, weil Feuchteanreicherungen beispielsweise zu Frostschäden führen können.

**Es ergibt sich, dass die hygrothermische Simulation des Balkenauflagers zum
bauphysikalischen und holzschutztechnischen Nachweis in der Regel erforderlich ist.**
Bei sehr geringen Wärmeschutzverbesserungen und schlagregnsicheren, am besten gut
verputzen, Fassaden hat die bisherige Erfahrung gezeigt, dass die Innendämmung unkritisch
ist, wenn die in diesem Beitrag genannten Grundregeln eingehalten werden. Wenn der Planer
solche Situationen ausreichend überblickt, ist eine Bauteilsimulation in Einzelfällen
verzichtbar. Riskante Fehleinschätzungen werden jedoch bedeutend teurer zu sanieren als
vorab die Kosten für eine qualifizierte bauphysikalische Einschätzung zu tragen. Je kritischer
die Individuelle Situation ist, desto dringender wird eine hygrothermische Simulation und
Bewertung der Ergebnisse, um die Planung zu optimieren. Die Feuchterisiken steigen mit
zunehmender Schlagregenbelastung, abnehmender Schlagregendichtheit der Wand,
zunehmender Wärmedämm-Verbesserung und steigender Feuchtelast aus der Raumnutzung.
Offene Fugen, die zu Konvektionsströmen am Balkenauflager führen, sind immer zu
vermeiden. Besonders der Schlagregen hat einen großen Einfluss. Deshalb sind Wände aus
Sichtmauerwerk oder mit geschädigtem Außenputz ein kritischer Untergrund für
Innendämmungen, der ggf. Ertüchtigungen an der Fassade erfordert [21].

Viele Produkt-Hersteller von Innendämm-Systemen können auf Erfahrung bei der
Beurteilung von Innendämm-Maßnahmen zurückgreifen und beherrschen die
bauphysikalische Simulation und Bewertung. Oft haben die Hersteller bereits vergleichbare
Konstruktionen hygrothermisch nachgewiesen. Ggf. sollte der System-Hersteller bei

Planungen frühzeitig eingebunden werden, um die Planung frei zu geben. Hier bietet sich auch an, besondere Haftungsregelungen vertraglich zu fixieren.

4   Worauf sollte in der Praxis besonders geachtet werden?

Das WTA-Merkblatt 8-14 [7] gibt nicht nur Hinweise worauf bei der Planung und Einschätzung verschiedener Varianten geachtet werden sollte, sondern fasst auch ein paar Grundregeln für die praktische Ausführung zusammen.

- An den beiden Seitenflächen, dem Hirnholzende und der Oberseite sollte das Holz keinen direkten Kontakt zum Mauerwerk haben. Es sollte ein Spalt von 2 – 4 cm vorhanden sein.
- Dieser Spalt darf nicht mit der Luft im Innenraum bzw. dem Deckenhohlraum in Verbindung stehen. Deshalb sollte die Fuge beim Übergang der neuen Innendämmung an den Balken dicht geschlossen werden.
- Eine Sperrbahn zwischen Auflagerfläche und Mauerwerk ist nur in Ausnahmefällen mit großer Schlagregenbelastung oder wegen großer ins Mauerwerk eingebrachter Baufeuchtemengen bei der Sanierungsmaßnahme sinnvoll. Wenn die Feuchtelast im Mauerquerschnitt permanent und/oder aus anderen Gründen hoch ist, ist stattdessen eine grundsätzliche bautechnische Verbesserung, wie Witterungsschutzbekleidungen außen an der Fassade, erforderlich. Keinesfalls dürfen Balkenköpfe in eine Sperrbahn eingeschlagen werden. Wenn unplanmäßig Feuchtigkeit an den Balkenkopf gelangt, würde die Umwicklung mit Sperrbahn die Trocknung behindern (vgl. Abbildung 4).
- Die bisherigen Forschungsergebnisse und Praxiserfahrungen belegen, dass die größte Gefahr von einer zu hohen Schlagregenaufnahme der Fassade ausgeht. Die schwer einschätzbaren Schlagregeneinflüsse an der Auflagertasche können somit ein „K.O.-Kriterium" für den Einsatz von Innendämmungen darstellen.

Abbildung 4: Bei einer Voruntersuchung entdeckter, pilz- und insektenbefallener Balkenkopf. Oben auf dem ummauerten Holz ist eine Sperrbahn, die das Holz umhüllt erkennbar.

Aufgrund theoretischer Überlegungen erscheinen moderat wärmedämmende, mineralische Dämmplatten mit Kapillareigenschaften, die eine gute Umverteilung von Feuchtigkeit gewähren, für die Innendämmung sinnvoll. Wenn die Wärmedämmleistung der Maßnahme nicht übertrieben wird, bleiben die potenziell negativen Folgen unschädlich gering. Dennoch wird gegenüber dem Zustand ohne Dämmung eine wesentliche energetische Verbesserung erzielt. Mineralische Baustoffe können nicht von Mikroorganismen als Nahrung verwertet werden, deshalb sind sie grundsätzlich vorteilhaft. Es sind aber auch Innendämmungen mit organischen Materialien möglich. Wenn das gewählte Dämm-System Feuchtigkeit gut umverteilen kann, können Feuchteansammlungen im Bereich der Balkenauflager besser an die Innenraumluft abgegeben werden.

Feuchteempfindliche Bauteilschichten, wie Gipsputze und Tapeten, sollten vor dem Aufbringen einer Innendämmung entfernt werden. Auch feuchtesperrende Schichten im Bestand, wie Innenanstriche aus Ölfarbe, können sich ungünstig auswirken, wenn dadurch die Feuchtepuffer-Wirkung des Bestandswand nicht genutzt werden kann. Eine Beseitigung solcher historischer Innenbeläge ist unter denkmalpflegerischen Gesichtspunkten abzuwägen. In Einzelfällen wird deshalb eine Innendämmung unmöglich und alternative Konzepte müssen erörtert werden.

Beim Einsatz von kapillarwirksamen Systemen muss gewährleistet werden, dass nur diffusionsoffene Beschichtungen auf der neuen Innenoberfläche verwendet werden. Innenanstriche mit Kunstharzdispersionen u. ä. behindern die Feuchteabgabe an die Raumluft. Insbesondere bei wechselnden Nutzern, die keine Kenntnis über die physikalischen Wirkungsweisen haben, besteht hier eine zu berücksichtigende Schwachstelle in der Nutzungsphase.

5   Literatur

[1]   Stopp, H; Strangfeld, P.; Toepel, T.; Anlauft, E.: *Messergebnisse und bauphysikalische Lösungsansätze zur Problemtik der Holzbalkenköpfe in Außenwänden mit Innendämmung.* In: Bauphysik 32, Heft 2, Berlin: Ernst & Sohn Verlag, 2010, 61-72.

[2]   Kausch, P.; Ruisinger, U.; Steinwender , H.; Dörr, G.; Kukowetz, K.: *OEKO-I – Innendämmungen zur thermischen Gebäudeertüchtigung Untersuchung der Möglichkeiten und Grenzen ökologischer , diffusionsoffener Dämmsysteme,* Klima- und Energiefonds; Graz, Wien: Oktober 2013.

[3]   Strangfeld, P.; Staar, A.; Stopp, H.: *Das hygrothermische Verhalten von Holzbalkenköpfen im innengedämmten Außenmauerwerk Tl. 2.* In: Bausubstanz, Heft 3, Fraunhofer IRB-Verlag, 2012.

[4]   Kehl, D.; Ruisinger, U.; Plagge, R.; Grunewald, J.: *Holzbalkenköpfe bei innengedämmtem Mauerwerk – Ursachen der Holzzerstörung und Beurteilung von Holz zerstörenden Pilzen.* 2. Internationaler Innendämmkongress, Dresden, 2013.

[5]   WTA-Merkblatt 6-4 *Innendämmung nach WTA I Planungsleitfaden.* Wissenschaftlich-Technische Arbeitsgemeinschaft für Bauwerkserhaltung und Denkmalpflege e.V. WTA-Publications, Stuttgart: Fraunhofer IRB-Verlag.

[6]   WTA-Merkblatt 6-5 *Innendämmung nach WTA II Nachweis von Innendämmsystemen mittels numerischer Berechnungsverfahren* Wissenschaftlich-Technische Arbeitsgemeinschaft für Bauwerkserhaltung und Denkmalpflege e.V. WTA-Publications, Stuttgart: Fraunhofer IRB-Verlag.

[7]   WTA-Merkblatt 8-14 *Ertüchtigung von Holzbalkendecken nach WTA II Balkenköpfe in Außenwänden* Wissenschaftlich-Technische Arbeitsgemeinschaft für Bauwerkserhaltung und Denkmalpflege e.V. WTA-Publications, Stuttgart: Fraunhofer IRB-Verlag.

[8]   Twelmeier, H.: *In-situ Messung der Wasseraufnahme an Mauerwerksfassaden.* In: Messtechnik – Der Weisheit letzter Schluss? Tagungsband zum 4. Sachverständigentag der WTA-D, Geburtig, G.; Gänßmantel, J (Hrsg.), Weimar 2011, Stuttgart: Fraunhofer IRB-Verlag.

[9]   Stelzmann, M.: *In-situ-Messgerät für die zerstörungsfreie Messung der kapillaren
      Wasseraufnahme von Fassaden.* In: BuFAS (Hrsg.): Messen Planen Ausführen,
      24. Hanseatische Sanierungstage 2013, S. 175-184.

[10] DIN 4108-3:2014-11 *Wärmeschutz und Energie-Einsparung in Gebäuden Teil 3:
      Klimabedingter Feuchteschutz – Anforderungen, Berechnungsverfahren und Hinweise
      für Planung und Ausführung*

[11] DIN EN ISO 15927-3:2009-08 *Wärme- und feuchteschutztechnisches Verhalten von
      Gebäuden – Berechnung und Darstellung von Klimadaten – Teil 3: Berechnung des
      Schlagregenindexes für senkrechte Oberflächen aus stündlichen Wind- und
      Regendaten*

[12] WTA-Merkblatt 6-1 *Leitfaden für hygrothermische Simulationsberechnungen*
      Wissenschaftlich-Technische Arbeitsgemeinschaft für Bauwerkserhaltung und
      Denkmalpflege e.V. WTA-Publications, Fraunhofer IRB-Verlag, Stuttgart

[13] WTA-Merkblatt 6-2 *Simulation wärme- und feuchtetechnischer Prozesse*
      Wissenschaftlich-Technische Arbeitsgemeinschaft für Bauwerkserhaltung und
      Denkmalpflege e.V. WTA-Publications, Fraunhofer IRB-Verlag, Stuttgart

[14] DIN EN 15026:2007-07 *Wärme- und feuchtetechnisches Verhalten von Bauteilen und
      Bauelementen – Bewertung der Feuchteübertragung durch numerische Simulation*

[15] WTA-Merkblatt 8-1 *Fachwerkinstandsetzung nach WTA I Bauphysikalische
      Anforderungen an Fachwerkgebäude* Wissenschaftlich-Technische
      Arbeitsgemeinschaft für Bauwerkserhaltung und Denkmalpflege e.V. WTA-
      Publications, Fraunhofer IRB-Verlag, Stuttgart

[16] WTA-Merkblatt 8-5 *Fachwerkinstandsetzung nach WTA V Innendämmungen*
      Wissenschaftlich-Technische Arbeitsgemeinschaft für Bauwerkserhaltung und
      Denkmalpflege e.V. WTA-Publications, Fraunhofer IRB-Verlag, Stuttgart

[17] Kehl, D.: *Feuchtetechnische Bemessung von Holzkonstruktionen nach WTA* In:
      Holzbau die neue Quadrige Heft 6/2013 Verlag Kastner, Wolnzach 2013 S. 24-28

[18] DIN 68800-1:2011-10 *Holzschutz Teil 1: Allgemeines*

[19] DIN 68800-1:2012-02 *Holzschutz Teil 2: Vorbeugende bauliche Maßnahmen im
      Hochbau*

[20] DIN EN 13183-1:2002-07 Feuchtegehalt eines Stückes Schnittholz – Teil 1:
      Bestimmung durch Darrverfahren & Berichtigung 2003-12

[21] Viitanen, H.; Toratti, L.; Makkonen, L.; Peuhekuri, R.; Ojanen, T.: *Towards modelling
      of decay risk of wooden materials.* In: European Journal of Wood and Wood Products,
      2010, 68/3, S. 303-313

[22] Scheffler, G.: *Innendämmung – Was ist zu berücksichtigen, damit es klappt?* In:
      Tagungsband zum 5. WTA-D Sachverständigentag 28.11.2013, Weimar, 2013.

Wärmepumpen in der Gebäudesanierung - Trends, Projekterfahrungen und Forschungsergebnisse

Prof. Dr.-Ing. Jörn Krimmling[1]

[1] Hochschule für Technik und Wirtschaft Dresden
Fakultät Architektur/ Bauingenieurwesen, Friedrich-List-Platz 1, D-01069 Dresden

Kurzer Überblick

An der Hochschule Zittau/ Görlitz (an welcher der Autor bis vor kurzem tätig war) wurden in den vergangenen 10 Jahren eine Reihe von Forschungsprojekten realisiert, die sich speziell mit Wärmepumpen befassten. Im Wesentlichen ging es dabei um die Energieversorgung von Nichtwohngebäuden, wobei neben der Wärmeversorgung auch eine mögliche Bereitstellung von Klimakälte untersucht wurde. Speziell standen die Wärmetransportvorgänge im Umfeld vertikaler Erdsonden im Fokus. Temperaturmessungen an verschiedenen Erdsonden und begleitende Simulationsrechnungen zeigten, dass eine saisonale Wärme- und Kältespeicherung, wie sie verschiedentlich propagiert wird, möglicherweise nur eingeschränkt funktionieren kann.

Schlagwörter: Wärmepumpe, Erdsonde, Geothermie

1   Gebäudetechnik in Denkmalen

Während die Rekonstruktion und Sanierung eines Denkmals für den Architekten und Bauingenieur eine originäre Entwurfsaufgabe mit eigenständiger Spezifik ist, sieht der Haustechniker bei dieser Planungsaufgabe signifikante Parallelen zum vergleichbaren Neubauprojekt. Zwar hat auch die Sanierung eines Gebäudes für die Technik eine eigene Spezifik, allerdings liegt diese mehr im baukonstruktiven Detail als im energetisch-funktionalen Bereich. Beispielsweise ist es für die Auslegung einer Heizungsanlage unerheblich, ob es sich um einen Neubau handelt oder um ein vorhandenes Gebäude, in welchem die Anlage erneuert werden soll. Für den Haustechniker beginnt die Auslegung in beiden Fällen bei der Bestimmung der Heizlast, daraus ergibt sich die Größe der Raumheizeinrichtungen, die wiederum erfordern Rohrleitungen mit bestimmten Durchmessern und abschließend sind die Größen des Wärmeerzeugers und der Umwälzpumpe festzulegen. Demzufolge gibt es keine bestimmte Anlagentechnik, welche sich nur für Denkmale und Sanierungsobjekte oder eben für Neubauten eignet, es kommt hier wie da die gleiche Technik zum Einsatz.

Wärmepumpen sind eine Technologie, mit deren Hilfe die in Gebäuden benötigte Wärme
und in bestimmten Fällen auch Klimakälte bereitgestellt werden kann. Da mit Hilfe von
Wärmepumpen Umgebungsenergie nutzbar gemacht wird, verfügen sie über ein
interessantes Energieeffizienzpotenzial, welches möglicherweise auch in dem einen oder
anderen denkmalgeschützten Gebäude genutzt werden kann. Interessant sind sie aus
architektonischer Sicht sicher auch deshalb, weil sie keinen Schornstein und kein
Brennstofflager benötigen. Ihre Schallemissionseigenschaften sind abgesehen von
bestimmten Luft-Wärmepumpen deutlich besser als die von Kesselanlagen oder
Blockheizkraftwerken. Gerade für Baudenkmale ist auch die mögliche Außenaufstellung in
einem Erdbauwerk eine erwägenswerte Alternative.

Insofern können die Erkenntnisse und Erfahrungen aus verschiedenen Forschungsprojekten
zu Wärmepumpen, welche an der Hochschule Zittau/ Görlitz in den vergangenen Jahren
durchgeführt wurden, auch für denkmalgeschützte Gebäude von Interesse sein, obwohl
dieser Aspekt bei den Projekten selbst keine Rolle spielte. Ausgehend von einer kurzen
energetischen und wirtschaftlichen Bewertung sowie einem groben Systemüberblick werden
die Ergebnisse von Forschungsprojekten mit Erd-Wärmepumpen dargestellt. Dabei spielten
vor allem der Aspekt des Heizens und Kühlens, sowie die damit verbundenen
Wärmetransportvorgänge im Umfeld vertikaler Erdsonden eine Rolle.

2   Energetische und wirtschaftliche Bewertung von Wärmepumpen

2.1   Das Phänomen Wärmepumpe

Das ist das eigentlich Phänomenale an Wärmepumpen - dass sie sowohl zum Heizen als auch
zum Kühlen verwendbar sind. Man kann sich ein Gebäude vorstellen, in welchem es
einerseits eine Gruppe von Räumen gibt, welche gekühlt und eine andere Gruppe, welche
geheizt werden müssen. Mit Hilfe einer Wärmepumpe, kann man die abzuführende Wärme
auf ein solches Temperaturniveau heben, dass sie für den zu erbringenden Heizwärmebedarf
verwendet werden kann.

Technisch gelingt diese so genannte Wärmeverschiebung mit Hilfe der VRF-Technologie.
Dabei steht VRF für Variable Refrigerant Flow, d.h. für Kältemittelsysteme mit
veränderbaren Kältemittelströmen. Die VRF-Anlagensysteme wurden ausgehend von den
Splittgeräten entwickelt, welche ursprünglich zur Kühlung einzelner Räume verwendet
wurden [1].

Eine andere Möglichkeit des gleichzeitigen Heizens und Kühlens besteht in der Nutzung der
Erdsonden von Wärmepumpen sowohl als Wärmequelle für die Wärmepumpe als auch als
Kältequelle für Kühlprozesse (vgl. Abbildung 2). Durch den Wärmeentzug wird das Erdreich
im Umfeld der Sonden gekühlt, wodurch ein Kältepotenzial zur Verfügung steht.

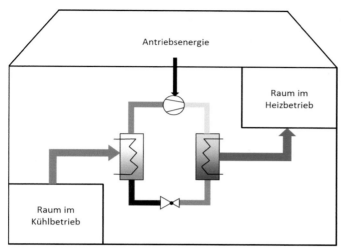

Abbildung 1: Wärmeverschiebung in Gebäuden mit Hilfe von Wärmepumpen

Integriert man in die Sonde zwei hydraulische Systeme, kann auch gleichzeitig gekühlt und geheizt werden. Wärmepumpen mit Erdsonden sind in Deutschland deutlich häufiger anzutreffen als die VRF-Systeme. Sie werden vorzugsweise in Wohngebäuden verwendet, wo bislang häufig nur die Heizfunktion im Focus steht. Allerdings ist die Nutzung des Kältepotenzials des Erdreichs eine ökologisch sinnvolle Methode der Kältebereitstellung, so dass man davon ausgehen kann, dass Erd-Wärmepumpen künftig für Gebäude mit Wärme- und Kältebedarf interessant sein werden.

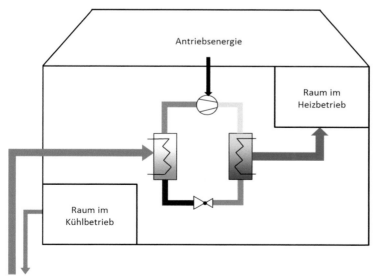

Abbildung 2: Gleichzeitiges Heizen und Kühlen bei Erdwärmepumpen

2.2   Energetische Bewertung

Wärmepumpen besitzen ein beachtliches Energieeinsparpotenzial. Würden beispielsweise in
Deutschland alle Raumwärmeerzeuger, welche derzeit mit Kohle, Öl, Gas oder Strom
betrieben werden, durch elektrische Wärmepumpen ersetzt werden, ergäbe sich eine
Primärenergieeinsparung bezogen auf den Bedarf für Raumwärme von ca. 55%, wie aus
Tabelle hervorgeht.

Tabelle 1: Mögliche Primärenergieeinsparung für Raumwärme beim Einsatz von Wärmepumpen
(Endenergiedaten Istzustand nach [2])

Energieträger:		Kohle	Öl	Gas	Strom	Summe
Primärenergie Istzustand	in PJ/a	54,05	610,5	1.233,10	244,8	2.142,45
Primärenergie-faktor f_P		1,15	1,1	1,1	2,4	
Endenergie Istzustand (2007)	in PJ/a	47	555	1.121,00	102	
Jahresnutzungs-grad Istzustand		0,5	0,75	0,78	0,99	
Nutzenergie Istzustand	in PJ/a	23,5	416,25	874,38	100,98	
Primärenergie bei $\eta_a = 3,5$ und $f_P = 2,4$	in PJ/a	16,11	285,43	599,57	69,24	970,36
Einsparung Primärenergie		70%	53%	51%	72%	55%

Das Einsparpotenzial wird umso größer, je höher der Anteil erneuerbarer Energien im
Stromnetz wird. Als Indikator für diesen Anteil gilt der Primärenergiefaktor für den
Strommix Deutschland, welcher derzeit 2,4 demnächst jedoch 1,8 betragen wird. (vgl. DIN
18599-1 und EnEV 2014). Die forcierte Installation elektrischer Wärmepumpen hätte
außerdem den Vorteil, dass das zeitweise anstehende Stromüberangebot im Netz sehr einfach
in thermischen Speichern zwischengelagert werden könnte. Zwar hat die thermische
Speicherung den Nachteil des starken Exergieverlustes, allerdings sind thermische Speicher
auf hohem technologischem und wirtschaftlich akzeptablem Niveau anwendungsbereit
verfügbar und für Raumwärme wird auch nur Energie auf niedrigem Exergieniveau benötigt.

Interessant ist die Frage, ab welcher Jahresarbeitszahl eine elektrische Wärmepumpe
primärenergetisch besser ist, als der Gas-Brennwertkessel. Es ergibt sich mit den derzeit
gültigen Primärenergiefaktoren:

Tabelle 2: Jahresarbeitszahl mit Primärenergiefaktor für Elektroenergie nach DIN 18599-1

Jahresnutzungsgrad des Brennwertkessels	$\eta_{a,BW}$	0,99
Primärenergiefaktor für Elektroenergie	$f_{P,el}$	2,4
Primärenergiefaktor für Erdgas	$f_{P,EG}$	1,1
Jahresarbeitszahl der Wärmepumpe	$\eta_{a,WP}$	**2,16**

Bei dem künftig geltenden Primärenergiefaktor für Elektroenergie verringert sich die mindestens erforderliche Jahresarbeitszahl der Wärmepumpe noch einmal deutlich:

Tabelle 3: Jahresarbeitszahl mit Primärenergiefaktor für Elektroenergie nach EnEV 2014

Jahresnutzungsgrad des Brennwertkessels	$\eta_{a,BW}$	0,99
Primärenergiefaktor für Elektroenergie	$f_{P,el}$	1,8
Primärenergiefaktor für Erdgas	$f_{P,EG}$	1,1
Jahresarbeitszahl der Wärmepumpe	$\eta_{a,WP}$	**1,62**

2.3 Wirtschaftliche Bewertung

Trotz dieser interessanten Eigenschaften von Wärmepumpen und dem daraus erwachsenden Potenzial ist diese Technologie bislang relativ wenig verbreitet. Weniger als ein Viertel der in Deutschland neu errichteten Gebäude werden derzeit mit Wärmepumpen ausgestattet, allerdings liegt ihr Anteil im Gebäudebestand unter 1%. Der Grund für die geringe Verbreitung von Wärmepumpen ist offensichtlich deren mangelnde Wirtschaftlichkeit im Vergleich zu traditionellen Wärmeerzeugern. Man kann sich von dieser Problematik leicht selbst überzeugen, indem man das Annuitätenverfahren nach VDI 2067-1 auf ein konkretes Gebäude anwendet. In der Abbildung 3 wurde eine solche Wirtschaftlichkeitsanalyse für ein kleineres Wohngebäude durchgeführt.

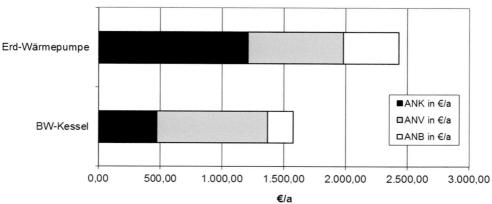

Abbildung 3: Vergleich der Auszahlungsannuitäten für BW-Kessel und Wärmepumpe (schwarz: kapitalgebundene Auszahlungen, grau: verbrauchsgebundene Auszahlungen, weiß: betriebsgebundene Auszahlungen)

Nach dieser Betrachtung hat die Erd-Wärmepumpe gegenüber dem Brennwertkessel die höheren jährlichen Gesamtkosten (Auszahlungsannuitäten) und ist demzufolge hier als unwirtschaftlich einzustufen. Die betrachtete Konstellation würde sich für die energetische Modernisierung eines vorhandenen Gebäudes eignen. Bei einem neu zu errichtenden Gebäude müsste noch an die Erfüllung des EEWärmeG gedacht werden, was für die Variante des Brennwertkessels eine zusätzliche solarthermische Anlage erforderlich machen würde. Damit käme eine weitere Investitionszahlung hinzu, was die kapitalgebundenen Auszahlungen erhöhen würde. Die verbrauchgebundenen Auszahlungen verringern sich jedoch aufgrund der genutzten Solarenergie, so dass sich die Reihenfolge der beiden Varianten nicht verändert, wovon man sich in einer analogen Rechnung einfach überzeugen kann.

Das Ergebnis geht konform mit diversen Heizkostenvergleichen, welche in der Literatur für Wohngebäude zu finden sind, siehe z.B. [3]. Letztlich wurden die Wärmepumpen auch aus diesem Grunde in das Erneuerbare-Energien-Wärme-Gesetz (EEWärmeG) aufgenommen, welches eine Nutzungspflicht von erneuerbaren Energie bei der Wärme- und Kälteversorgung von neu zu errichtenden Gebäuden begründet.

Zusammenfassend lässt sich feststellen, dass Wärmepumpen primärenergetisch sehr effizient sind und Vorteile gegenüber klassischen Technologien wie dem Gas-Brennwertkessel aufweisen, jedoch in vielen Fällen nicht wirtschaftlich sind.

Unterstellt man, dass vor allem die vergleichsweise hohen kapitalgebundenen Auszahlungen ein Einsparpotential darstellen, ergeben sich zwei Ansätze:

- die Verringerung der Herstellkosten von Wärmepumpen sowie
- die Verbesserung der Planungsmethoden und –ansätze.

Der erste Ansatz ist vor allem eine Aufgabe für die Anbieter von Wärmepumpensystemen und kann hier nicht weiter verfolgt werden. Der vorliegende Beitrag konzentriert sich auf den zweiten Ansatz der Verbesserung der Planungsmethoden und –ansätze.

3   Systemüberblick

Wärmepumpen kann man nach folgenden Kriterien klassifizieren:

- Art der Wärmequelle
- Art des Verdichters
- Art des Verdichterantriebs
- Anzahl der Kältemittelkreise bzw. Verdichterstufen

Es gibt drei Arten von Wärmequellen:

- Erdreich (vertikale Erdsonden, horizontale Kollektoren)
- Grundwasser
- Umgebungsluft

Bei den Verdichtern unterscheidet man:

- Mechanische Verdichter (z.B. Scroll-Verdichter, Hubkolben-Verdichter)
- Thermische Verdichter – das führt auf das Prinzip der Absoptionswärmepumpe, welche beispielsweise mit Gas angetrieben werden kann.

Beim Antrieb von mechanischen Verdichtern unterscheidet man:

- Antrieb mit Elektromotor – das führt auf die weitverbreitete Elektrische Kompressions-Wärmepumpe.
- Antrieb mit einem Verbrennungsmotor – dabei handelt es sich quasi um eine Kopplung Blockheizkraftwerk und Wärmepumpe.

Es gibt Wärmepumpen

- mit einem Kältemittelkreislauf und
- mit zwei Kältemittelkreisläufen bzw. zweistufigen Verdichtern. Diese Variante kann interessant sein, wenn höhere Vorlauftemperaturen benötigt werden.

Zu den technischen Einzelheiten der Wärmepumpenarten siehe z.B. [4].

4   Wärmetransportvorgänge bei vertikalen Erdsonden

Eine Wärmepumpe mit vertikalen Erdsonden kann zum Heizen und Kühlen eines Gebäudes verwendet werden. Dabei muss in der Regel im Winter geheizt und im Sommer gekühlt werden. Beobachtet man das Erdreich um die Sonden, würde man feststellen, dass sich die Erde im Winter abkühlt. Interessant wäre jetzt der Fall, dass sich dieses Kältereservoir bis zur Kühlperiode im Sommer erhält und man keinen weiteren Kälteerzeuger und demzufolge auch keine Energie zur Kälteerzeugung benötigen würde. Man spricht von einer saisonalen Kälte-Speicherung bzw. wenn man sich die zweite Phase des Gesamtprozesses ansieht von einer saisonalen Wärme-Speicherung, da ja im Sommer die aus den Räumen abgeführte Wärmelast in das Erdreich eingebracht wird.

Das so beschriebene Heizen und Kühlen kann, wenn es funktioniert, energetisch sehr effizient sein, da sich durch den Wärmeeintrag im Sommer die Quelltemperatur und demzufolge die Leistungszahl der Wärmepumpe gegenüber dem Fall, bei welchem nur geheizt wird, erhöht. Die Kälteerzeugung benötigt nur Energie für die hydraulische Umwälzung in der Sonde.

Wenn man jetzt noch das Prinzip der Erd-Wärmepumpe mit Direktverdampfung anwendet [5], kann man insbesondere den Kühleffekt verstärken, da das Kältemittel in der Sonde bei vergleichsweise tiefen Temperaturen verdampft und es zu einem Vereisen des feuchten Erdreichs um die Sonde kommen kann. Durch den Phasenwechsel des Wassers würde man eine hohe Kälte-Speicherdichte im Erdreich erreichen. Diesen Ansatz kann man mit dem Prinzip des Eisspeichers der Fa. Isocal [6] vergleichen, wobei dort als primäre Quelle nicht das Erdreich sondern die Solarkollektoren fungieren.

Die praktisch spannende Frage ist die, inwieweit die saisonale Wärme- und Kälte-Verschiebung im Erdreich abläuft. Dies wurde an einer Wärmepumpe mit Ammoniak-Direktverdampfung untersucht [7]. Während eines konkreten Betriebszeitraums in der Heizperiode wurden die Temperaturen im Erdreich analysiert. Die Betriebsphase kann folgendermaßen charakterisiert werden:

- Die Tagesmittel der Außentemperatur lag durchgängig unter $0°C$.
- Die Wärmepumpe übernahm fast vollständig die Wärmeversorgung der zu beheizenden Gebäude, arbeitete also im monovalenten Betrieb.
- Da die benötigte Heizleistung kleiner war als die durch die Wärmepumpe bereitgestellte Leistung, arbeitete die der Wärmepumpe intermittierend.

Im laufenden Betrieb der Wärmepumpe wurden tiefste Temperaturen im Bereich zwischen -$13°C$ und -$10°C$ an der Sondenaußenfläche erreicht. Die Unterschiede der einzelnen Temperaturkurven (sie repräsentieren verschiedene Tageszeiten) resultierten zu diesem Zeitpunkt aus dem intermittierenden Betrieb der Wärmepumpe. Wertet man die zeitliche Darstellung der Erdreichtemperaturen dieser Betriebsphase im Bereich der Fördersonde aus (vgl. Abbildung 4), so ergeben sich folgende Aussagen:

- Im Wärmepumpenbetrieb erfolgt ein sehr schneller Temperaturausgleich in Richtung des ursprünglichen Temperaturniveaus.
- Im Wärmepumpenbetrieb weist die mittlere Temperatur über die gesamte Länge der Fördersonde nur geringe Abweichungen zur Erdreichtemperatur am Sondenfuß auf.
- Die tiefste Temperatur an der Fördersonde ist über die gesamte Betriebsphase der Wärmepumpe in einer Tiefe von 8 m ab Bezugsebene bzw. 9 m unter Erdoberkante nachzuweisen. Es handelt sich dabei um eine ausgeprägt örtliche Temperaturabweichung.
- Die Verdampfung des Ammoniaks innerhalb der Sonde findet im Wesentlichen im oberen Abschnitt der Sonde statt. Erkennbar ist das an den niedrigeren Erdreichtemperaturen in diesem Bereich.
- Nach Abschaltung der Erdsonde erwärmt sich das die Fördersonde umgebende Erdreich durch den Wärmefluss aus dem umgebenden Erdreich sehr schnell; die Ausgangstemperatur am Sondenfuß wird nach ca. 14 Tagen wieder erreicht und die an der Stelle mit der tiefsten Temperatur nach ca. 21 Tagen. Der Mittelwert der

Erdreichtemperaturen über die gesamte Sondenlänge wird nach ca. 30 Tagen wieder
erreicht.

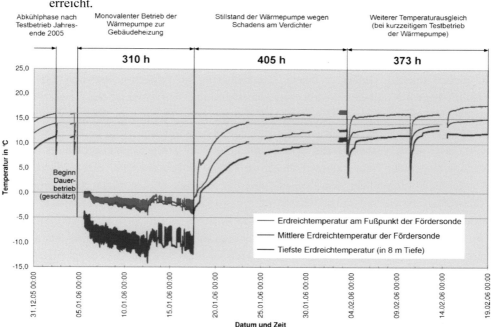

Abbildung 4: Erdreichtemperaturen an der Außenfläche der Fördersonde

Bezogen auf eine Einspeicherung von Kälte in das die Sonden umgebende Erdreich und
dessen spätere Nutzung ergeben sich damit folgende Schlussfolgerungen:

- Bei genügend tiefer Außentemperatur und damit entsprechender Lastanforderung
  an die Wärmepumpe kann sich ein Bereich gefrorenen Erdreichs in der direkten
  Sondenumgebung einstellen.

- Es konnte zu keiner Zeit eine Beeinflussung der Temperatur an der horizontal 2 m
  entfernten Kontrollsonde durch den Betrieb der Fördersonde nachgewiesen werden.
  Als Speichermedium für die Kälteenergie ist damit maximal ein Zylinder mit der
  Länge der Fördersonde und 2 m Radius wirksam.

- Da witterungsbedingt nach einer Winterperiode die außentemperaturabhängige
  Wärmeanforderung der Gebäude bis zur Heizgrenztemperatur stetig abnimmt,
  gleicht sich das erreichte Temperaturniveau in der Sondenumgebung durch der
  Wärmestrom aus weiter entfernten Bodenbereichen wieder dem Ausgangszustand
  an und für die sommerliche Kühlperiode sind nur die Temperaturen des quasi
  ungestörten Erdreichs als Kältereservoir verfügbar.

Zusammenfassend lässt sich auf der Basis der Messungen für die gegebene
Anlagenkonfiguration aussagen, dass eine saisonale Einspeicherung von Kälteenergie in der

Heizperiode bei den Gegebenheiten dieses Objektes nicht möglich ist. Durch den stetigen Wärmestrom aus der thermisch unbeeinflussten Umgebung der Sonden gleicht sich die Erdreichtemperatur mit kurzer Zeitverzögerung wieder dem unbeeinflussten Zustand an. Allerdings ist zu beachten, dass der große Temperaturgradient an der Direktverdampfersonde verantwortlich für den schnellen Temperaturausgleich zu sein scheint.

In einem anderen Objekt – einem Geschäftshaus in Passivhausbauweise [8] – mit dominierendem Kühlbedarf wurde dagegen schon eine Aufwärmung des Sondenumfelds beobachtet, was auf eine saisonale Speicherung von Wärme im Erdreich hindeutet. Allerdings ist hierbei zu beachten, dass die Temperaturunterschiede zwischen dem Kaltwasser der Klimaanlage und dem Erdreich nur sehr gering waren und bereits kleinste Veränderungen der Temperaturdifferenzen zu Veränderungen der Kühlleistung führten. Die Abbildung 5 verdeutlicht den Energiestatus der Sonden. Dieser bildet den kumulierten Nutzwärme- bzw. den Nutzkälteverbrauch des Gebäudes ab. Eine ansteigende Kurve bedeutet, dass Wärme über die Sonden in das Erdreich eingetragen wird (Kühlfall). Eine abfallende Kurve steht für Wärmeentzug aus dem Erdreich (Heizfall). Es ist deutlich der enorme Nutzkälteverbrauch in der Kühlperiode zu erkennen. Im Gegensatz dazu ist der Energieentzug durch die Wärmepumpe sehr gering. Idealerweise sollten sich die in das Erdreich abgeführten und die aus ihm entnommenen Wärmemengen ausgleichen, was hier erkennbar nicht der Fall ist. Die Ursache liegt in den hohen inneren Wärmelasten des sehr gut gedämmten Gebäudes Die Teilregeneration des Erdreiches beruht im vorliegenden Fall ausschließlich auf dem Wärmetransport im Erdreich selbst. Hier war zu fragen, ob bzw. wie sich langfristig die verfügbare Kühlleistung reduzieren wird.

Überraschend, aber gut erkennbar ist der simultane Verlauf von Außentemperatur und Sole-Temperatur, obwohl im Objekt die inneren Lasten aufgrund der intensiven Beleuchtung dominierten.

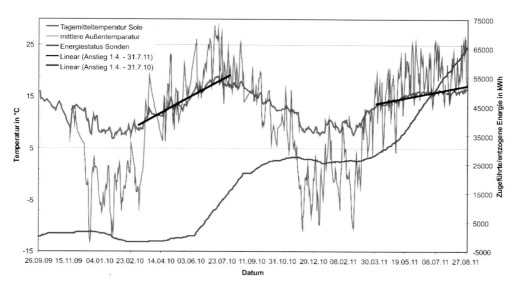

Abbildung 5: Energiestatus der Erdsonden

Um diese sich teilweise widersprechenden Aussagen zu den saisonalen
Wärmetransportvorgängen besser aufklären zu können wurde ein Sondenversuchsstand
aufgebaut (Krimmling [9]), mit welchem unabhängig von der Bedarfsstruktur und dem
Betriebsregime eines konkreten Gebäudes die beschriebenen Vorgänge untersucht werden
können. Es stellt sich die Frage, wieviel der eingespeicherten thermischen Energie wieder
nutzbar ist. Dazu wurde in [10] ein zeitabhängiger Speichernutzungsgrad des Erdreiches
definiert:

$$\eta(\Delta t) = \frac{Q_{\text{aus}}(\Delta t)}{Q_{\text{ein}}} \tag{1}$$

mit

$Q_{\text{aus}}(\Delta t)$ dem Speicher nach einer Zeitspanne Δt entnommene Wärme

Q_{ein} dem Speicher in einem bestimmten Zeitraum zugeführte Wärme

Im Projekt wurden die Speichernutzungsgrade für praktisch relevante Fälle beispielhaft
experimentell bestimmt und mit Simulationsergebnissen verglichen. Die Abbildung 6 zeigt
die Ergebnisse eines Versuches. Betrachtet man die Messung wird deutlich, dass schon nach
sehr kurzen Zeiträumen ein Großteil der in das Erdreich eingebrachten Wärme für die spätere
Nutzung verloren gegangen ist, was die These stützt, das saisonale Speichervorgänge kaum
praktikabel sein dürften.

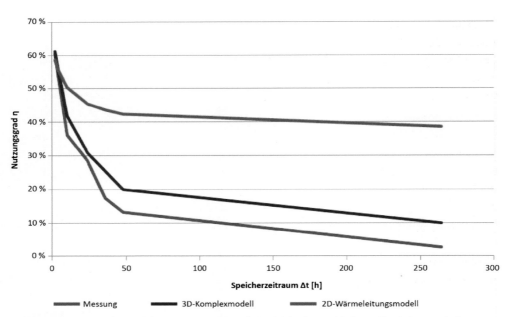

Abbildung 6: Messung des Speichernutzungsgrades und Vergleich mit verschiedenen Simulationsergebnissen

Da sich ein Erdwärmespeicher wie jeder Wärmespeicher nach und nach entlädt, ist der Speichernutzungsgrad erheblich von der Länge Δt des Speicherzeitrauzms zwischen Be- und Entladung abhängig. Anhand dieses Zusammenhangs kann man die Güte des Speichers beurteilen. Der Speichernutzungsgrad hängt von vielen weiteren Einflussgrößen ab:

- Wärmeleit- und Wärmespeicherfähigkeit des Erdreichs um die Sonde
- Vorhandensein, Stärke und Richtung einer Grundwasserströmung
- Wetter an der Erdoberfläche
- Anzahl und ggf. Anordnung der Sonden
- Sondengeometrie (Länge, Bauart)
- Einspeisetemperatur und -volumenstrom
- Entzugstemperatur und -volumenstrom

Bei der Ermittlung der entnommenen Wärme ergibt sich im Unterschied etwa zu Warmwasserspeichern das Problem, dass neben der eingespeisten Energie dem Erdreich immer auch Umweltwärme in Form von geothermischer Energie entzogen wird. Die Wärme Q_{aus} kann also nicht direkt bestimmt werden. Der Anteil der Umweltwärme kann jedoch in einer separaten Messung ermittelt werden, die ohne vorherige Wärmeeinspeisung, ansonsten aber mit den gleichen Versuchsparametern erfolgt.

Die Differenz aus beiden Messungen,

$$Q_{\text{aus}} = Q_{\text{Entzug, beladen}} - Q_{\text{Entzug, unbeeinflusst}}, \tag{2}$$

ist dann der Anteil der entzogenen Wärme, die auf die vorher eingespeiste Wärme zurückzuführen ist. Es sind also immer mindestens zwei Messungen nötig. Beide Messungen des Wärmeentzugs werden als Leistungsmessungen über einen bestimmten Zeitraum durchgeführt. In der Theorie müssten sie sich über einen unendlichen Zeitraum erstrecken, da in einer endlichen Zeit nie die insgesamt mögliche Energie entzogen werden kann.

Den Messungen wurden die Ergebnisse von Berechnungen mit verschiedenen Simulationsmodellen gegenübergestellt (vgl. Abbildung 6). Die Einzelheiten der Vorgehensweise kann man in [11] nachlesen. Das Ziel des Vergleichs bestand darin, die Einflüsse der Grundwasserströmung zu verdeutlichen, indem ein Modell mit Berücksichtigung des Grundwassereinflusses (3D Komplexmodell) und ein Modell ohne diesen Effekt (2D-Wärmeleitungsmodell) verwendet wurden. Offensichtlich hat die Grundwasserströmung einen erheblichen Einfluss auf die Wärmetransportvorgänge. Demzufolge sollten als Grundlage für Planungsentscheidungen ausschließlich dreidimensionale Simulationsmodelle verwendet werden. Deren Handhabung erfordert spezielles Wissen und Erfahrung. Außerdem ist die Vorgabe von Bodenstoffwerten mit ausreichender Genauigkeit als kritisch zu werten.

5   Literatur

[1]   Albers, K.-J.: *Taschenbuch für Heizung und Klimatechnik*. München: DIV Deutscher Industrieverlag GmbH, 2015, pp 1443- 1448.

[2]   Tzeuschtschler, P. et al.: Energieverbrauch in Deutschland. In: *BWK*. Bd. 61, Nr. 6, 2009, pp 6- 14.

[3]   Zech, D.: *Heizkostenvergleich*. Dokumentation des Instituts für Energiewirtschaft und Rationelle Energieanwendung – IER, Universität Stuttgart, 2013.

[4]   Krimmling, J. et al.: *Atlas Gebäudetechnik*. Köln: Rudolf Müller Verlag, 2014.

[5]   Wagner, R. M.: Erdsonden mit Phasenwechsel. In: *Tagungsband zum 9. Internationalen Anwenderforum oberflächennaher Geothermie*. Bad Staffelstein: 2009, pp 169- 176.

[6]   o. V., Fa. Tecalor: Wärmepumpen in Kombination mit Eispeicher und Parabol-Rinnen-Kollektoren. In: *IHKS Fach.Journal*. 2012, pp 208-209.

[7]   Kahnt, L., Krimmling, J. und Schiffner, P.: Untersuchung von Wärmetransportvorgängen von vertikalen Erdsonden von Wärmepumpen. In: *HLH*. Ausgabe 11/2010, pp 26- 30 und HLH, Ausgabe 12/2010, pp 26-30.

[8]   Krimmling, J. und Grötzschel, J.: Die Passivhausbauweise bei Nichtwohngebäuden. In: *HLH*. Ausgabe 01/2011, pp 48- 52.

[9]   Krimmling, J. (Hrsg.): Wärmepumpen zum Heizen und Kühlen. In: *Tagungsband zum Abschluss-Symposium.* Zittau: 2014.

[10] Eberhard, P., M. Haack, J. Krimmling, F. Lucke: Speichervorgänge im Umfeld vertikaler Erdsonden. In: *HLH.* Ausgabe 01/2015.

[11] Eberhard, P.: Physikalische Modellierung des Erdreichs um Erdwärmesonden und Ermittlung von Stoffdaten. In: *Tagungsband zum Abschlusssymposium: Wärmepumpen zum Heizen und Kühlen von Gebäuden.* Hochschule Zittau/Görlitz, Zittau: 2014.

Baudenkmale und deren Potential zur Nutzung von Photovoltaik

Dipl.-Ing. Sebastian Horn[1], Dipl.-Ing. Dennis Thorwarth[1]

[1] Technische Universität Dresden, Institut für Baukonstruktion, George-Bähr-Straße 1
D-01069 Dresden

Kurzer Überblick

Ein entscheidender Baustein des Energiekonzeptes der Bundesregierung ist der Ausbau erneuerbarer Energien. Dieser trägt zur Senkung des CO_2-Ausstoßes bei und macht die Energieversorgung unabhängiger von endlichen fossilen Energieträgern. Sind den meisten Architekten und Planern vor allem die Installation von Photovoltaik(PV)-Modulen auf geneigten oder flachen Dächern bekannt, welche zugegebenermaßen nicht immer den höchsten ästhetischen Ansprüchen genügen, drängen seit einiger Zeit auch immer mehr Lösungen für die Integration von Photovoltaik in die Fassade auf den Markt.

Dieser Beitrag soll, getreu dem Motto „Potentiale und Chancen von Baudenkmalen im Rahmen der Energiewende", aufzeigen, wie die PV an Baudenkmälern eingesetzt werden kann und welche grundlegenden Überlegungen für eine erste Untersuchung nötig sind. Neben einem kurzen Überblick zu verschiedenen PV-Systemen soll am Beispiel eines denkmalgeschützten Laborgebäudes der Nachkriegsmoderne der Einsatz von PV-Modulen aufgezeigt werden.

Schlagwörter: Photovoltaik, Planungsschritte, Denkmal

1 Grundlagen der Photovoltaik

1.1 Überblick

Das Prinzip der PV ist die Umwandlung der Sonnenstrahlung in elektrische Energie. Die genaue physikalische Wirkungsweise ist dabei vom jeweiligen Aufbau der in den PV-Modulen befindlichen Solarzellen und von den dabei verwendeten Materialien abhängig. Im Rahmen dieses Beitrages wird darauf aber nicht genauer eingegangen. Prinzipiell gibt es drei verschiedene Arten von PV-Modulen, welche in den nachfolgenden Kapiteln genauer beschrieben werden.

- Kristalline Solarmodule
- Dünnschicht-Solarmodule
- Organische Photovoltaik

Zu einer funktionierenden PV-Anlage gehören neben den PV-Modulen, welche zweifelsohne
die wichtigste Aufgabe übernehmen, noch weitere Systemkomponenten, wie Wechselrichter,
Gleichstromhauptschalter, Geräteanschlusskasten und Solarkabel. Auch wenn deren Planung
nicht die Aufgabe des Architekten oder Bauingenieurs darstellt, können die einzelnen
Komponenten oftmals einen großen Einfluss auf die Detailplanung des Gebäudes haben.

1.2   Kristalline Solarmodule

Kristalline Solarmodule bestehen aus mehreren, ca. 0,2 mm dicken, kristallinen
Siliziumzellen.   Herstellungsbedingt   wird   hier   zwischen   monokristallinen   und
polykristallinen   Zellen   unterschieden.   Die   Hauptunterscheidungsmerkmale   beider
Solarzellen sind deren Form und Farbe (vgl. Abbildung 1). Während monokristalline
Solarzellen in der Regel abgerundete Ecken und eine schwarze Farbe haben, besitzen
polykristalline Solarzellen eine quadratische Form und weisen eine bläuliche Färbung auf.
Die Zellen werden durch transparente Folien versiegelt und als Zwischenschicht in Glas-
Glas- oder Glas-Folien-Module eingesetzt.

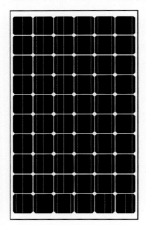 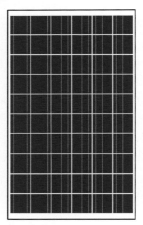

Abbildung 7: Beispiele für kristalline Solarmodule. links: monokristallin, rechts: polykristallin

Beide Modultypen werden mit einem Anteil von fast 90 % [1] weltweit am häufigsten
eingesetzt, Freifeldanlagen mit inbegriffen. Mit Wirkungsgraden von 16 bis 20 %
(monokristallin) und 14 bis 16 % (polykristallin) sind kristalline Solarmodule zudem die
leistungsfähigsten. Der Wirkungsgrad gibt an, wieviel Prozent der auf einer Solarzelle
auftreffenden Solarstrahlung in elektrische Energie umgewandelt wird. Dies bedeutet
wiederum, dass selbst die derzeit besten Solarmodule nur etwa ein Fünftel der potentiellen
Energie der Sonne in Strom umwandeln können. Der Rest wird in thermische Energie
umgewandelt und führt dazu, dass sich das PV-Modul aufwärmt. Das ist jedoch als negativ
zu betrachten, da sich dadurch der Wirkungsgrad des PV-Moduls verringert.

1.3 Dünnschicht-Solarmodule

Bei Dünnschicht-Solarmodulen werden mehrere, wenige tausendstel Millimeter dünne, Halbleiterschichten durch Aufdampfen auf einer Glasscheibe gebunden. Häufig eingesetzte Materialien sind Verbindungen aus Kupfer, Selen bzw. Schwefel, Gallium und Indium (CIGS) sowie Cadmiumtellurid (CdTe). Ein Laser schneidet die einzeln aufgebrachten Schichten gezielt in Streifen, wodurch die elektrische Verschaltung entsteht. Je nach Halbleitermaterial können Wirkungsgrade zwischen 6 und 12 % erreicht werden. Vorteilhaft gegenüber kristallinen Solarmodulen ist neben den niedrigen Herstellungskosten vor allem die geringe Anfälligkeit gegenüber Temperaturerhöhung und Schattenwurf. Aufgrund dieser Eigenschaften und auch wegen ihrer homogenen Ansicht eignen sie sich zum Einsatz in der Fassade (vgl. Abbildung 2). Dabei werden sie als Verbundglas ausgeführt. Es gibt aber auch die Möglichkeit, die PV auf flexiblen Trägermaterialien, wie z.B. Dachabdichtungsbahnen, aufzubringen.

Abbildung 8: Beispiel für Dünnschicht-Solarmodule: Einsatz in der Fassade eines Laborgebäudes (Foto: Flohr 2012)

1.4 Organische Photovoltaik (OPV)

In der organischen Photovoltaik (OPV) gibt es verschiedene Typen von Solarzellen. Diese können etwa aus einem organischen Farbstoff bestehen, welcher, ähnlich dem natürlichen Prozess der Photosynthese, Energie aus dem Sonnenlicht erzeugt. Andere Solarzellen wiederum werden aus organischen Halbleitermaterialien zusammengesetzt. Als vorteilhaft werden dabei vor allem die geringen Herstellungskosten gesehen. So sind die verwendeten Kohlenwasserstoffe wesentlich kostengünstiger als das Silizium bei kristallinen Solarmodulen und auch die Herstellung ist weniger energieintensiv. Weiterhin können organische PV-Zellen durch relativ einfache Prozesse, wie etwa Siebdruck oder durch Rollen, auf die unterschiedlichsten Trägermedien aufgebracht werden (vgl. Abbildung 3).

Auch wenn die OPV aufgrund ihrer geringen Herstellungskosten und flexiblen Einsatzmöglichkeiten sehr vielversprechend ist, findet sie vor allem durch momentan noch geringe Wirkungsgrade sowie Probleme bei der Langzeitstabilität nahezu keine Verwendung im Bauwesen. Folglich wird diese für die weitere Betrachtung nicht mit herangezogen.

Abbildung 9: ITO-freies organisches Solarzellenmodul auf einem flexiblen Substrat (Foto: Fraunhofer ISE 2009)

2   Planungsschritte für die Nutzung von Photovoltaik

2.1   Auswirkung auf den Denkmalschutz

Prinzipiell ist der Einsatz von PV-Modulen an Baudenkmälern nicht verboten. Jedoch sollte bei einer Sanierungsmaßnahme auf denkmalpflegerische Besonderheiten geachtet werden. Dazu gehört vor allem, dass neue Bauteile in ihrer Materialität und Form möglichst genau der ursprünglichen Konstruktion entsprechen und dass diese nicht zu einem veränderten Erscheinungsbild führen. Häufig werden deshalb PV-Module an untergeordneten Gebäudeteilen oder Gebäudeflächen angebracht, welche nicht sofort sichtbar sind. Auch neu errichtete Gebäudeteile, welche sich von der ursprünglichen Konstruktion abheben sollen, können mit PV-Modulen versehen werden. Dabei gilt zu beachten, dass derartige Vorhaben genehmigungspflichtig sind. In der Regel ist sich in erster Linie an die jeweilige Untere Denkmalschutzbehörde zu richten. In vielen Bundesländern gibt es auch Leitfäden oder Arbeitsblätter, welche unter anderem von den jeweiligen Landesdenkmalämtern mit erarbeitet wurden und Entscheidungshilfen für den Einsatz von PV-Modulen an Baudenkmalen bieten.

2.2   Einflüsse auf den Ertrag

Der Ertrag einer PV-Anlage ist in erster Linie abhängig von der auf die PV-Module auftreffenden Solarstrahlung. Der Wert dieser Strahlung richtet sich sowohl nach der geografischen Lage als auch nach der Ausrichtung der PV-Module. Fachspezifisch wird hier von der sogenannten Globalstrahlung gesprochen. Das ist die Strahlung der Sonne, welche auf die Erdoberfläche gelangt. Sie setzt sich aus direkter (schattenwerdender) und diffuser (Streustrahlung) Strahlung zusammen und wird auf die horizontale Ebene gemessen. Werte zu dem jährlichen Betrag der Globalstrahlung können über den Deutschen Wetterdienst für jeden geografischen Standort in Deutschland bezogen werden (vgl. Abbildung 10).

Abbildung 10: Globalstrahlungskarte Deutschland, mittlere jährliche Globalstrahlung in kWh/m²a bezogen auf eine horizontale Fläche (Bezugszeitraum 1981 – 2010) [2]

Für Standorte in Deutschland erzielen aufgrund der täglichen Wanderung der Sonne und der jahreszeitlich unterschiedlichen Sonnenhöchststände südlich orientierte Flächen mit einer Neigung von 30 ° zur horizontalen über das Jahr gesehen die meiste solare Einstrahlung. Da sich die Wetterdaten der Globalstrahlung immer auf eine horizontale Ebene beziehen, welche mit 100 % deklariert wird, erreicht eine solche geneigte Fläche sogar 114 % des in der Globalstrahlungskarte angegebenen Wertes (vgl. Abbildung 11).

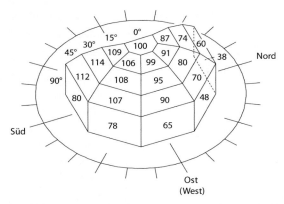

Abbildung 11: relative jährliche Einstrahlung auf unterschiedliche Flächenorientierungen in Deutschland im Vergleich zur Horizontalen [3]

Fassadenflächen erhalten dagegen weniger Einstrahlung. Je nach Himmelsrichtung sind dies, im Vergleich zur horizontalen Ebene, nur 65 % an Ostfassaden und 80 % an Südfassaden. Weitere Einflussfaktoren sind die Temperatur der PV-Module (je höher die Modultemperatur, desto geringer der Wirkungsgrad), die Umgebungsbebauung (Verschattung), Alterung der PV-Module, Verschmutzung sowie die Qualität der weiteren elektrischen Komponenten der PV-Anlage (z.B. Wechselrichter, Verkabelung). Diese Faktoren beschreiben die Qualität der PV-Anlage und werden unter dem Begriff „Performance Ratio" (PR) zusammengefasst. In der Regel liegt die PR je nach Anlage zwischen 70 und 85 %. Das bedeutet wiederrum, dass nur 70 bis 85 % des von den PV-Modulen erzeugten elektrischen Stroms tatsächlich genutzt werden können. Die restlichen 30 bis 15 % sind Verluste.

2.3 Konstruktionsprinzipien

Bei der Belegung einer potentiellen Fläche mit PV-Modulen ist auf die Umgebungsbebauung und schattenwerfende Objekte (z.B. Bäume oder Schornsteine) zu achten. Bereiche, in denen häufig ein Schatten liegt, sollten nicht unbedingt mit PV-Nutzung bedacht werden. Auch Schneebedeckungen können bei besonderen Dachformen zu langen Zeiträumen ohne PV-Ertrag führen. Speziell bei Dachanlagen ist darauf zu achten, dass Flächen für Begehungen (z.B. Wartung) freigehalten werden. Diese können je nach Objekt unterschiedlich sein. Bei Flachdächern sollten Abstände zu aufgehenden Bauteilen, zur Attika und zu Entwässerungseinläufen eingehalten werden. Auch statische Aspekte sind bei der Planung einer PV-Anlage zu berücksichtigen. Vor allem erhöhte Gewichtslasten durch schneebedeckte PV-Module können Schäden an der darunterliegenden Dachhaut verursachen.

Bei geneigten PV-Modulen auf Flachdächern ist darauf zu achten, dass sich die PV-Module bei niedrigen Sonnenständen nicht gegenseitig verschatten. Dies ist der Fall, wenn die PV-Module mit dem Sonnenhöchststand am 21. Dezember nicht verschattet sind [4]. Über die in der nachfolgenden Abbildung dargestellte Formel kann der Mindestabstand von PV-Modulen überschlägig berechnet werden.

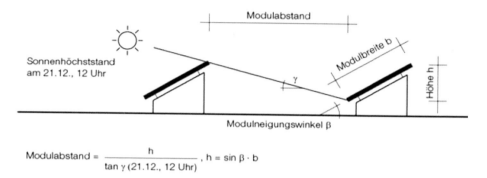

$$\text{Modulabstand} = \frac{h}{\tan \gamma \, (21.12., 12 \text{ Uhr})} \, , \; h = \sin \beta \cdot b$$

Abbildung 12: Berechnung des Mindestabstandes zur Vermeidung einer übermäßigen Modulverschattung [5]

Für den Einsatz im oder auf dem Dach gibt es eine Vielzahl an Unterkonstruktionen, mit welchen die PV-Module installiert werden können. Neben dem Abtrag von Eigengewichts-, Wind- und Schneelasten in die darunterliegende Tragkonstruktion sind auch abhebende Kräfte durch Windsogbelastung zu beachten. Auch für den Einbau in die Fassade gibt es inzwischen einige Systemhersteller mit zugelassenen Konstruktionen, wenngleich diese auch nicht so zahlreich ausfallen wie auf dem Dach.

2.4   Wahl der PV-Technologie

Die Wahl der jeweiligen PV-Technologie (kristallin oder Dünnschicht) hängt stark von der Einbausituation, den gegebenen Randbedingungen und dem vom Architekten geforderten Erscheinungsbild ab. So ist zum Beispiel an einer Warmfassade mit höheren Modultemperaturen zu rechnen, als bei hinterlüfteten PV-Modulen bei einer Anbringung auf dem Dach. Weiterhin ist die Gefahr von Verschattungen beim Einbau in der Fassade höher als bei der Dachintegration, da hier mehr potentielle Verschattungsgegenstände auftreten (parkende Autos, benachbarte Gebäude).

Dies hat zur Folge, dass bei Fassadenflächen häufig Dünnschicht-Solarmodule eingesetzt werden. Diese sind im Vergleich zu kristallinen Solarmodulen weniger anfällig auf Temperaturerhöhung und Verschattung. Zudem weisen sie ein sehr gleichmäßiges Erscheinungsbild auf, weshalb sie vom Laien nicht sofort als PV-Module wahrgenommen werden. Bei kristallinen Solarmodulen ist das vor allem durch die typische Wabenstruktur nicht unbedingt der Fall. Zwar kann auch hier durch die Wahl schwarzer Rückfolien und einer rückseitigen Verlötung der einzelnen Solarzellen die Wabenstruktur kaum mehr ersichtlich gemacht werden, jedoch ist dies mit erhöhten Kosten verbunden. Auf den Flächen von Flachdächern, wo PV-Module nicht immer sofort ersichtlich sind, eignen sich dagegen kristalline Solarmodule. Diese haben einen höheren Wirkungsgrad als Dünnschicht-Solarmodule und sind aufgrund der konstruktionsbedingten Hinterlüftung nicht so starken Temperaturerhöhungen ausgesetzt wie in der Fassade.

2.5 Ertragsberechnung

Die Ertragsberechnung kann sowohl relativ umfangreich mittels Simulationssoftware, als auch überschlägig berechnet werden. Für die Analyse im Rahmen dieses Beitrages wird der jährliche Ertrag der PV-Anlage, im Weiteren als die elektrische Leistung der PV-Anlage bezeichnet, überschlägig über die folgenden Formeln ermittelt:

$$E_{el} = E_{sol} \cdot \eta \cdot PR$$

mit:

$E_{el} = elektrische\ Leistung\ der\ PV - Anlage\ [kWh/a]$

$E_{sol} = Globalstrahlung\ auf\ die\ PV - Fläche\ [kWh/a]$

$\eta = Wirkungsgrad\ des\ PV - Moduls\ [\%]$

$PR = Performance\ Ratio\ (Anlageng\ddot{u}te)\ [\%]$

$$E_{sol} = E_{sol,hor} \cdot f_{Fläche} \cdot A_{PV}$$

mit:

$E_{sol,hor} = Globalstrahlung\ auf\ eine\ horizontale\ Fläche\ [kWh/m^2a]$

$f_{Fläche} = Abminderungsfaktor\ für\ die\ Abweichung\ von\ der\ Horizontalen\ [\%]$

$A_{PV} = Generatorfläche\ [m^2]$

3 Betrachtung des Potentials von Photovoltaik am Beispiel

3.1 Vorstellung Beispielgebäude

Die in den vorherigen Kapiteln und Unterkapiteln beschriebenen Grundprinzipien zur Photovoltaik und deren Anwendung an und auf einem Gebäude sollen an dieser Stelle an einem denkmalgeschützten Laborgebäude der Nachkriegsmoderne angewandt werden. Konkret handelt es sich um das Pflanzenphysiologische Institut (PPI) der Freien Universität Berlin (vgl. Abbildung 7), welches nach den Plänen des Architekten Wassili Luckhardt erbaut wurde. Mit seiner reduzierten Formensprache und seiner hohen Funktionalität ist es ein herausragendes und spätes Zeugnis der Nachkriegsmoderne.

Abbildung 13: Ansicht PPI mit Haupteingang von der Königin-Luise-Straße (Foto: Institut für Baukonstruktion)

Im Rahmen einer Konzeptstudie zur Komplettsanierung des Gebäudes wurde unter anderem untersucht, welches Potential zur Nutzung von PV vorhanden ist. Neben der allgemeinen Anordnung von PV-Modulen auf einem Flachdach wurden dabei auch Flächen an der Vorhangfassade des Laborriegels untersucht. Dabei ist darauf hinzuweisen, dass die hier verwendeten PV-Module samt deren konstruktiver Einbindung nur jeweils eine mögliche Variante darstellen. Eine allgemeingültige Aussage für den Einsatz bestimmter PV-Module in speziellen Bereichen kann daraus nicht abgeleitet werden.

3.2   Flachdächer

Insgesamt gibt es drei verschiedene Flachdächer, welche für die Nutzung von PV in Frage kommen. Das sind das Dach des Staffelgeschosses des Laborriegels, das Dach des 2. OGs unter dem Staffelgeschoss sowie das Flachdach über dem Lehrflügel, welches vom Tonnendach des Hörsaales durchbrochen wird. In einem ersten Schritt wurde die potentielle Fläche für die Anbringung von PV-Modulen untersucht. Dacheinbauten, wie Lichtkuppeln oder Lüftungsauslässe, sowie Randbereiche und begehbare Bereiche für Wartung sorgen dafür, dass nicht die gesamte vorhandene Dachfläche angesetzt werden kann. Nach Abzug dieser Bereiche besitzen die Flachdächer des PPI dennoch eine potentielle Fläche von ca. 2170 m² (vgl. Abbildung 14).

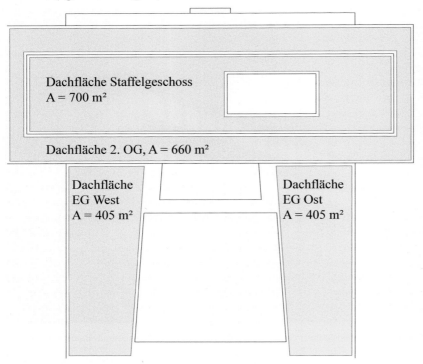

Abbildung 14: potentielle PV-Flächen auf den Flachdächern

Um die Anforderungen des Denkmalschutzes zu erfüllen, sollten die PV-Module nicht zur Veränderung des Erscheinungsbildes führen. Dies wird am besten erreicht, wenn diese flach auf die Dachhaut des Flachdaches gelegt werden. Da jedoch bei einer horizontalen Aufständerung mit erhöhten Ertragseinbußen durch Verschmutzung und Schneebedeckung zu rechnen ist, werden die PV-Module nach Süden ausgerichtet und um 10° geneigt. Dadurch kann Schmutz mit Hilfe von Regenwasser schneller von der PV-Fläche abrutschen und die Ausfallzeiten durch Schneebedeckung reduzieren sich. Zugleich erhöht sich durch die Neigung auch der solare Strahlungseintrag (vgl. Abbildung 11). Die geneigte Anordnung führt allerdings dazu, dass die PV-Module in einem Abstand zueinander angebracht werden müssen, um eine gegenseitige Verschattung zu verhindern. Auf eine optimale Neigung von 30° wurde verzichtet, da hierfür der Abstand der PV-Module untereinander erhöht werden müsste und dies aufgrund der höher gelegenen Oberkante der PV-Module einen größeren Einfluss auf das Erscheinungsbild hätte. Alternative Lösungen, wie in Abbildung 15, sind ebenfalls möglich, führen aber zur Schneesackbildung im Winter und sollen in diesem Fall daher nicht verwendet werden.

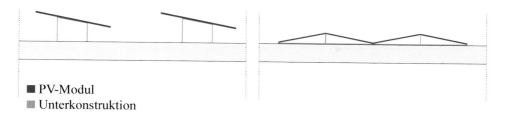

■ PV-Modul
■ Unterkonstruktion

Abbildung 15: Potentielle Anordnung von PV-Modulen auf einem Flachdach

Aufgrund der beschriebenen Ausrichtung und konstruktionsbedingten Hinterlüftung können für die Flachdächer kristalline PV-Module verwendet werden. Das in dieser Betrachtung beispielhaft verwendete monokristalline PV-Modul (vgl. Abbildung 10) hat die Abmessungen (Länge/Breite/Dicke) 1640 mm/990 mm/40 mm und einen Modulwirkungsgrad von 17,2 %.

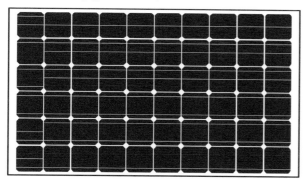

Abbildung 16: Ansicht des verwendeten kristallinen PV-Moduls

Eine Verschattungsanalyse ergab, dass vor allem auf dem Flachdach des 2. OGs und dem Flachdach des EGs nicht überall die volle zuvor beschriebene potentielle PV-Fläche genutzt werden kann. Hauptsächlich das herausragende Staffelgeschoss und das Tonnendach des Hörsaales führen zu Bereichen mit lang anhaltender Verschattung (vgl. Abbildung 17).

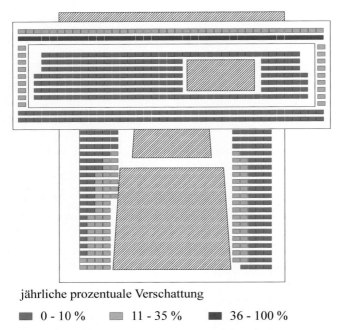

jährliche prozentuale Verschattung

■ 0 - 10 %   ■ 11 - 35 %   ■ 36 - 100 %

Abbildung 17: Verschattungsgrad der PV-Module auf den Flachdächern

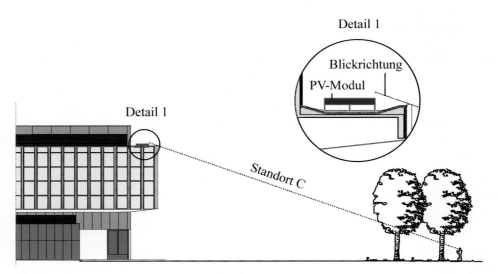

Abbildung 18: Untersuchung der Beeinträchtigung des Erscheinungsbildes durch die PV-Module von Standpunkt
C

Zur Wahrung des ursprünglichen Erscheinungsbildes des Gebäudes werden die PV-Module
so angeordnet, dass sie von den wesentlichen Beobachtungsstandpunkten vom Boden aus

nicht zu sehen sind und sie gleichzeitig auch nicht von Objekten in der Umgebung (z.B. Bäume oder aufgehende Bauteile) verschattet werden (vgl. Abbildung 12). Somit können insgesamt 374 PV-Module (189 auf dem Staffelgeschoss, 74 auf dem 2. OG und 111 auf dem EG) auf den Flachdächern installiert werden. Das ergibt eine Fläche von $A_{PV} = 607{,}2$ m².

Unter diesen Voraussetzungen, der Annahme einer für aufgeständerte Dachanlagen üblichen Performance Ration von PR = 80 % und den in Kap. 2.5 vorgestellten Formeln, ergibt sich bei der Nutzung der Flachdächer ein jährlicher Ertrag von 90.299 kWh.

3.3   Vorhangfassade des Laborriegels

Bei der Vorhangfassade besitzen vor allem die opaken Brüstungsbereiche das Potential zur Anordnung von PV-Modulen (vgl. Abbildung 13). Im Bestand handelt es sich um ein emailliertes Glas, welches mit einer auf der Rückseite angebrachten Dämmung versehen ist. Da auch PV-Module aus Glas bestehen und die Farbigkeit bei Dünnschicht-Solarmodulen nahezu individuell eingestellt werden kann, wird in Hinblick auf den Denkmalschutz weder das Erscheinungsbild noch die Materialität der Fassade großartig verändert. Die opaken Brüstungsbereiche befinden sich an der Nordnordwest- und Südsüdostseite der Vorhangfassade des Laborriegels im 1. und 2. OG. Aufgrund der geringen solaren Einstrahlung auf nördlich orientierten Flächen werden hier nur die südlich orientierten Elemente betrachtet.

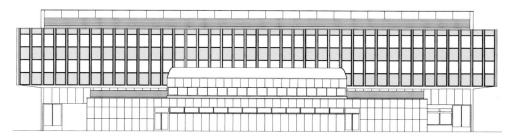

Abbildung 19: Ansicht Südsüdost: potentielle PV-Flächen (grün) an der Vorhangfassade

In jeder der drei Ebenen haben die Brüstungselemente unterschiedliche Abmessungen, woraus sich eine Gesamtfläche von $A_{PV} = 240$ m² ergibt. Durch die Anordnung in der Fassade beträgt die Summe der einfallenden Globalstrahlung im Vergleich zu einer horizontalen Anordnung nur 80 % (vgl. Abbildung 11). Weiterhin ist aufgrund der Einbausituation (Warmfassade) mit einer erhöhten Modultemperatur zu rechnen, was den Wirkungsgrad senkt.

Für diese Einsatzbedingungen eignen sich Dünnschicht-Solarmodule, da sie auch bei hohen Modultemperaturen noch einen vergleichsweise guten Wirkungsgrad aufweisen. Weiterhin lässt sich die ursprüngliche Ansicht des Opal-Elements durch eine farbige PV sowie der homogenen Ansicht eines Dünnschichtmoduls sehr gut nachbilden (vgl. Abbildung 20). Dem Betrachter fällt auf den ersten Blick nicht auf, dass es sich bei den Brüstungselementen um Photovoltaik-Module handelt.

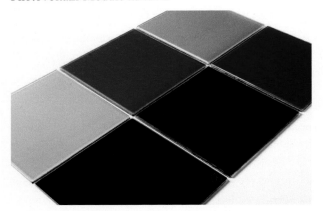

Abbildung 20: Beispiel für die Farbvariation der PV-Module (Foto: Institut für Baukonstruktion)

Durch die schlechteren Bedingungen bei der Anordnung in einer Warmfassade wird für die Ertragsberechnung eine Performance Ratio von PR = 70 % angenommen. Der Wirkungsgrad des verwendeten PV-Moduls beträgt 11 %. Dieser ist aufgrund der Einfärbung etwas geringer als bei einem Standardmodul. Unter diesen Voraussetzungen erzielen die PV-Module in der Fassade einen jährlichen Ertrag von 15.227 kWh.

Auch wenn die Integration von PV-Modulen in die Fassade des Laborriegels aus denkmalschutztechnischen Gründen möglich wäre, führte eine Reihe an ökonomischen Faktoren jedoch dazu, dass von der Nutzung dieser Fläche abgesehen wurde. Dies liegt zum einen an den relativ hohen Herstellungskosten für die PV-Module, da diese nicht den derzeit gängigen Standardabmessungen entsprechen und zum anderen an den verminderten Wirkungsgraden durch die Einfärbung und die Hinterdämmung, wodurch mit erhöhten Modultemperaturen zu rechnen ist.

4   Fazit

Der Beitrag zeigt die Möglichkeiten auf, PV-Module an Baudenkmalen einzusetzen. Dabei wird ersichtlich, dass bereits mit einfachen Formeln der jährliche PV-Ertrag überschlägig ermittelt werden kann. Da aufgrund stetig sinkender Einspeisevergütungen für PV-Strom immer mehr der Eigenverbrauch angestrebt wird und in dem beschriebenen Beispielgebäude aufgrund der Nutzung und der Baukonstruktion ein relativ hoher Strombedarf vorhanden ist, sollte das große Potential der Flachdächer zur Anbringung von PV-Modulen genutzt werden.

Der Einsatz in der Fassade wird derzeit durch relativ hohe Herstellungskosten bei Sonderformaten und, vor allem bei Warmfassaden, zusätzliche Verluste durch erhöhte

Modultemperaturen erschwert. Infolge intensiver Forschungstätigkeit auf diesem Gebiet sind jedoch Fassadenkonstruktionen in der Entwicklung, welche die Erwärmung der PV-Module reduzieren oder diese in Form eines Solarthermiekollektors zur weiteren Nutzung im Gebäude abführen. In Verbindung mit niedrigeren Herstellungskosten werden jedoch auch diese Flächen in Zukunft vermehrt mit PV-Modulen ausgestattet werden.

5 Danksagung

Diese Arbeit entstand im Rahmen des Forschungsprojektes „Integrale Konzeptentwicklung für ein denkmalgeschütztes Laborgebäude der Nachkriegsmoderne unter Berücksichtigung des Klimawandels", gefördert mit Mitteln der Deutschen Bundesstiftung Umwelt (Förderkennzeichen 30554 – 25). Die Autoren bedanken sich für die Unterstützung der weiteren Projektpartner Winfried Brenne Architekten, Transsolar Energietechnik GmbH und der zentralen Universitätsverwaltung der Freien Universität Berlin.

6 Literatur

[1]   Schwarzburger, H.: Anflug unterm Radar – Dünnschichtmodule. In: Franke, P.; Kahl, P.; Petersen, N. H.; Schwarzburger, H.; Ullrich, S.; Vorsatz, W.: Photovoltaik 07/2015 – Solartechnik für Installateure, Planer, Architekten. Stuttgart: Alfons W. Gentner Verlag, 2015, S. 35.

[2]   Datengrundlage:
       http://www.dwd.de/bvbw/appmanager/bvbw/dwdwwwDesktop?_nfpb=true&_pag eLabel=_dwdwww_klima_umwelt_gutachten&T15805338371147076754824gsb DocumentPath=Navigation%2FOeffentlichkeit%2FKlima__Umwelt%2FKlimagut achten%2FSolarenergie%2FGlobalstr__Karten__frei__target.html   vom 01.04.2015.

[3]   Weller, B.; Hemmerle, C.; Jakubetz, S.; Unnewehr, S.: DETAIL Praxis Photovoltaik. Technik, Gestaltung, Konstruktion. München: Institut für internationale Architekturdokumentation, 2009, S. 12.

[4]   Wesselak, V.; Voswinckel, S.: Photovoltaik: Wie die Sonne zu Strom wird. Reihe Technik im Fokus. Berlin, Heidelberg: Springer, 2012, S. 81.

[4]   Weller, B.; Hemmerle, C.; Jakubetz, S.; Unnewehr, S.: DETAIL Praxis Photovoltaik. Technik, Gestaltung, Konstruktion. München: Institut für internationale Architekturdokumentation, 2009, S. 57.

Energetische Sanierung unter denkmalpflegerischen Aspekten am Beispiel des großen Tropenhauses und des Victoriahauses im Botanischen Garten Berlin und des Alfred-Brehm-Hauses im Tiergarten Berlin

Friedhelm Haas[1]

[1] HAAS Architekten BDA, Pariser Straße 6, D-10719 Berlin

Kurzer Überblick

Vorstellen möchte ich 2 Berliner Denkmäler, die wir grundlegend, mit Hilfe von europäischen Umweltentlastungsprogrammen energetisch erneuert haben:

-Das Victoria Haus, in Verbindung mit dem Großen Tropenhaus im Botanischen Garten, von dem königlichen Baurat Körner 1907 errichtet

-das Alfred Brehm Haus, ein Raubtierhaus im Berliner Tierpark, vom Kollektiv Graffunder von 1956-1963 gebaut.

Beide Projekte haben als herausragende Verteter für innovativen Stahlbau in der jeweiligen Zeit, ein Alleinstellungsmerkmal und werden in der Berliner Denkmalliste geführt.

Schlagwörter: Botanischer Garten Berlin, großes Tropenhaus, Victoriahaus, Tierpark Berlin, Alfred-Brehm-Haus, Raubtierhaus.

1   Einleitung

Bei der Sanierung des Großen Tropenhauses und des Victoria Hauses in Berlin waren im Ringen zwischen botanischen, wirtschaftlichen und denkmalpflegerischen Belangen scheinbar unvereinbare Ziele zu verbinden. Wir fanden gemeinsam mit Ingenieuren und Herstellern Lösungen, die allen Ansprüchen gerecht wird.

Bei der Sanierung des Alfred Brehm Hauses, waren durch wirtschaftlich beschränktere Mittel, innovative und vertretbare Lösungen für die Tier- und Pflanzenwelt notwendig

2   Großes Tropenhaus und Victoriahaus Botanischer Garten Berlin

Als im Jahr 2006 die Sanierung des Großen Tropenhauses und 2013 die Sanierung des Victoria Hauses im Botanischen Garten Berlin anstand, mussten sämtliche im Gebäude befindliche Pflanzen umziehen – insgesamt 1.358 Pflanzenarten, darunter empfindliche Raritäten wie die Seycellenpalme, der an ihrem Standplatz in der imposanten Glashalle der Luxus einer eigenen Wurzelheizung zuteilwird.

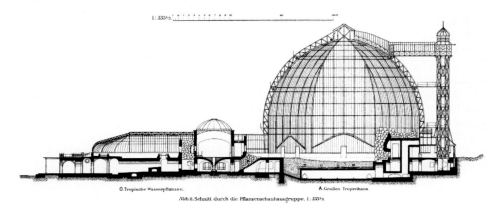

Abbildung 1: Schnitt durch die Pflanzenschauhausgruppe

Als im Juli die technisch komplexen Sanierungsarbeiten zum Abschluß kamen, zeigten alle Beteiligten zufriedene Gesichter: Die Botaniker von der Freien Universität Berlin, weil ihre Tropenpflanzen künftig wieder ungeschmälerte Sonneneinstrahlung genießen, der Berliner Senat ob der um 70% gesenkten Energiekosten und die Vertreter der Denkmalpflege, weil die erneuerte Glashülle der beiden Tropenhäuser wieder dem Ursprungszustand entspricht. 25 Millionen Euro kosteten Erneuerung des 60 m langen und fast 27 m hohen Gebäudes und seiner Nebengebäude. Nur zwei Prozent der während der Bauzeit ausgelagerten Pflanzen haben ihr Exil nicht überstanden.

Erbaut wurde das Große Tropenhaus und das Victoria Haus1906/07 als bis heute größtes Gewächshaus des Botanischen Gartens Berlin. Die sechzig Meter lange und fast 27 m hohe stützenfreie Stahlkonstruktion war eine technische Pionierleistung und ein stolzes Repräsentationsprojekt der kaiserlichen Reichshauptstadt. Ein außenliegendes Tragwerk aus stählernen Dreigelenkbögen trug die in das Tragwerk eingehängte thermische Hülle, ihre filigranen Holzsprossen trugen hunderten von Einzelscheibchen. Diese nach innen versetzte Fassade war im 2. Weltkrieg durch die Druckwelle eines nahen Bombentreffers zerstört worden – das tragende Stahlgerüst indes überdauerte.

Hist. Abbildung 2: Haus für tropische Wasserpflanzen

2.1   200.000 Euro Heizkosten je Winter

Mitte der 60iger Jahre baute man die Häuser wieder auf. Die dabei als neue Verglasung gewählten 1 x 2 Meter großen Acrylglastafeln waren das für die Zeit innovativste Material, zerstörten aber das ursprüngliche, kleinteilige Erscheinungsbild des Gebäudes. Neben einer Wiederherstellung des einst filigranen Fassadenbildes zählte die Halbierung des jährlichen Energiebedarfs zu den Hauptzielen der Sanierung: Zuletzt verursachte das Gebäude jeden Winter Heizkosten in Höhe von 200.000 Euro. Undichtigkeiten und Haarrisse in der spröde gewordenen Acrylhülle ließen Wärme entweichen und beeinträchtigten den Lichteinfall.

Um im Inneren des Gebäudes bei vertretbaren Kosten ganzjährig eine konstante Temperatur von mindestens 25 °C zu halten, war eine hoch wärmedämmende Isolierverglasung gefragt. Konventionelle Isolierverglasungen weisen jedoch einen deutlich reduzierten Lichttransmissionswert auf und lassen kein UV-Licht durch: Ohne UV-Strahlung aber würden viel der Tropenpflanzen unnatürlich schnell, zugleich aber weniger kräftig wachsen; fast alle sind auf das gesamte Spektrum natürlichen Sonnenlichts angewiesen. Dies waren die widerstreitenden Anforderungen, die die jetzt abgeschlossene Sanierung technisch so anspruchsvoll machten.

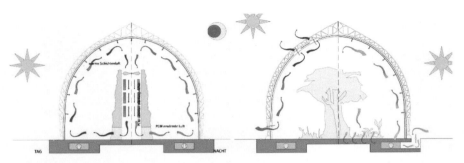

Abbildung 3: Lüftungskonzepte

Zwar bietet der Markt inzwischen Isoliergläser mit erstaunlich hohem
Lichttransmissionsgrad. Ihrem Einsatz aber standen bauaufsichtlichen Anforderungen
entgegen: Für verglaste Überkopfbereiche, also Deckenbereiche mit einer Neigung ab 11°
zur Senkrechten ist Verbundsicherheitsglas obligatorisch, um die Besucher im Unglücksfall
vor herabfallenden Glasstücken zu schützen. Herkömmliches Verbundsicherheitsglas besitzt
jedoch eine Zwischenlage aus Polyvinylbutyral (PVB), die aufgrund ihrer Empfindlichkeit
gegen UV-Strahlung mit einem UV-Sperrfilter ausgestattet ist. Da mit 2.700 m² rund 60 %
der Glasflächen im Überkopf-Bereich liegen, hätte herkömmliches Verbund-Sicherheitsglas
die UV-Einstrahlung in indiskutabler Weise vermindert.

Bei unseren Recherchen nach möglichen Lösungen stießen wir auf das Sancto-Isolierglas
von Glas-Trösch, das für den Überkopfbereich in einer gemeinsam mit dem Unternehmen
DuPont entwickelten gänzlich neuartigen Kombination von Gläsern und Beschichtungen
hergestellt wird: Deren Basis bildet das hochweiße Floatglas Eurowhite von Glas Trösch, das
durch seinen geringen Eisenoxidanteil die spektrale Verteilung des Sonnenlichts nur minimal
beeinflusst. Dieses Glas bildet im Überkopfbereich und an den bodennahen, dem Publikum
zugänglichen Bereichen der Glasfassade als thermisch vorgespanntes Einscheiben-
Sicherheitsglas (ESG-H) die äußere Hülle. Um ihre Lichttransmission noch zu verbessern,
wurden die Scheiben innenseitig mit einer Anti-Reflex-Beschichtung ausgeführt.

Aufbauten		Dicke	U-Wert	Licht-durch-lässigkeit	Energie-durch-lässigkeit	Licht-reflexion	UV-durch-lässigkeit
		mm	W/m²K	T_L(%)	g (%)	R_c(%) i/a	T_a(%)
2 x Float	Float / 90% A + 10% Lu / Float	4 / 16 / 4	2.6	81	76	14/14	44
EUROWHITE 4-16-4	Eurowhite / 90% A + 10% Lu / Eurowhite	4 / 16 / 4	2.6	83	82	16/16	71
Silverstar N EN	Eurowhite / 90% A + 10% Lu / Silverstar N EN	4 / 16 / 4	1.2	81	67	14/14	27
LUXAR beidseitig EUROWHITE	Luxar doppelseitig auf Eurowhite / 90% A + 10% Lu / Eurowhite	4 / 16 / 4	2.6	89	78	9.5/9.3	20
Silverstar N	Float / 90% A + 10% Lu / Silverstar N	4 / 16 / 4	1.2	79	63	13/13	20
Silverstar N mit Luxar auf EW	Eurowhite / 90% A + 10% Lu / Silverstar N und Luxar EW	4 / 16 / 4	1.2	86	69	9.5/9.3	16
Silver ENplus	Eurowhite / 90% A + 10% Lu / Silverstar EN plus	4 / 16 / 4	1.1	80	60	14/13	22
Luxar EW mit ENplus EW	Luxar doppelseitig auf Eurowhite / 90% A + 10% Lu / Silverstar EN plus	4 / 16 / 4	1.1	88	63	8.1/6.5	10
Silverstar EN plus auf Eurowhite	Eurowhite / 90% A + 10% Lu / Silverstar EN plus	4 / 16 / 4	1.1	82	63	16/14	30
Luxar mit Silverstar N EW	Luxar doppelseitig auf Eurowhite / 90% A + 10% Lu / Silverstar N und Luxar VSG 8-2	4 / 16 / 6,76	1.2	91	69	2.8/2.0	0.0

Abbildung 4: Verglasungsvarianten und Innenraumbild von dem großen Tropenhaus

2.2 Integration widersprüchlicher Belange

Die isolierende Funktion übernimmt die innere Scheibe: In den zugänglichen Bereichen der Fassade besteht sie aus 6 mm starkem Einscheiben-Sicherheitsglas, im Überkopfbereich verwendete man einen Verbund aus zwei Mal vier Millimeter dickem Eurowhite-Glas. Es ist jeweils zum Scheibenzwischenraum hin mit einer Isolierbeschichtung (Silverstar EN plus) versehen und im Scheinzwischenraum zusätzlich mit dem Edelgas Argon gefüllt. Es unterstützt die Dämmwirkung zusätzlich und senkt den Wärmedurchgangswert im Vergleich zu den Acrylglasscheiben um mehr als 80 % auf 1,1 W/(m²K).

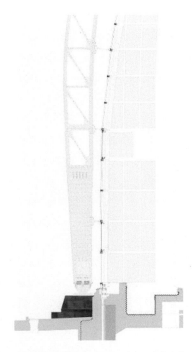

Abbildung 5: Schnitt von dem großen Tropenhaus

Trotz dieser erstaunlichen Verbesserung bewegt sich die Verglasung bis hierher im Bereich des technisch Bekannten – das entscheidende Detail bildet der Aufbau des Verbund-Sicherheitsglases im Überkopf-Bereich der Halle: Anstelle der üblichen Zwischenlage aus PVB fügte man hier eine SentyGlas Zwischenlage von DuPont ein – ein UV-stabiler, klarer und hochfester Kunststoff.

Da für die Kombination des UV-durchlässigen SentryGlases und des Weißglases aus der Produktion von Glas Trösch noch keine allgemeine baurechtliche Zulassung bestand, erteilte das Land Berlin nach einer erfolgreichen, vom Bauherren beauftragten Materialstudie die notwendige „Zustimmung im Einzelfall". SentryGlas erwies sich bei den dafür durchgeführten Materialtests gegenüber herkömmliches PVB als deutlich belastbarer.

Angesichts der komplexen Funktionsanforderungen des Gebäudes darf man den erzielten Lichttransmissionsgrad von 81% als sehr hoch einstufen! Zwar ließ die Acrylglashülle mit ihrem geringeren Rahmenanteil an der Gesamtfläche 90 % Tageslicht ins Innere dringen – tatsächlich dürfte diese Nenngröße in den letzten Jahren aber kaum noch erreicht worden sein. Das lag an der zunehmenden Eintrübung der Acrylscheiben, vor allem aber an der ständigen Kondenswasserbildung bei kühlerem Wetter. Sie zermürbte das Material durch Schimmelbildung und Korrosion. Daher kam eine Innovation zum Einsatz, die an der 2008 vollendeten Münchner BMW-World ihren ersten Praxis-Test im großen Maßstab bestanden hatte:

In den Stahlfassadenprofilen der gläsernen Hülle fließt auf einer Gesamtlänge von 8 km circa 42 °C warmes Wasser. Diese Fassadenheizung strahlt Wärme in den Innenraum ab. Sie hält die Glasinnenseite auch bei niedrigen Außentemperaturen kondenswasserfrei. Bei den Profilen handelt es sich um kantige, leicht gebogene Profile aus der Produktion von ThyssenKrupp. Sie wurden vorgefertigt angeliefert, mit dem Kran zwischen historischen Stahlträgern und Baugerüst eingefädelt und als Pfosten-Riegel-Konstruktion zu einem 4500 m² großen Gitternetz zusammengeschweißt. Obwohl das warme Wasser ohne weitere Abdichtung direkt durch die Profile fließt, trat bei der Probebefüllung nur bei einem der insgesamt 436 verbauten Fassadenelemente eine Undichtigkeit auf, die mühelos behoben werden konnte.

Die Tragwerksplaner bildeten die Verbindungen zwischen dem historischen Tragwerk und der eigentlichen Fassade als Gelenke aus, damit sie den Druck starker Windlasten weich abfedern können. Die verbindenden Edelstahlschwerter sind zudem in ihrer Wärmeleitfähigkeit minimiert. Das historische Primärtragwerk des Victoria Hauses wurde komplett demontiert und im Werk saniert. Die notwendigen Stahlverstärkungen durch die neuen Glasaufbauten wurden wieder nach historischem Vorbild genietet.

Abbildung 6: Innenraumbild vom Victoriahaus

Parallel zu den Arbeiten an der Hülle vollzog sich die Erneuerung der Haustechnik: Damit ein kontinuierlicher Austausch von warmer Luft unter der Hallendecke und kühlerer Luft in Bodennähe stattfinden kann, die malerische Halle aber nicht mit monströsen Klima-Schächte

verschandelt werden musste, haben wir ganz im Stil illusionistischer Kulissenarchitektur aus
der Erbauungszeit, die klimatechnisch notwendigen Umlufttürmen in die Gestalt riesiger
Urwaldbaumstümpfe verkleidet.

2.3 Außen Kaiserzeit, innen High-Tech-Haustechnik

Mit der neuen Fenstergröße suchten wir die Position des Landesdenkmalamtes mit jener der
Botaniker zu versöhnen, denen an einem möglichst großen Lichteinfall lag. Zwar war die
ursprüngliche Sprossung noch deutlich zierlicher, doch ist das neue Rastermaß sehr viel
näher   am   einstigen   Erscheinungsbild   als   die   großformatigen   Acryltafeln   der
Nachkriegsfassung.

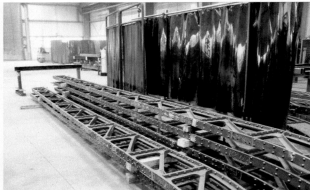

Abbildung 7: Genietete Stahlverbindungen

Abbildung 8: Südansicht Victoriahaus

Bei der Wiedereröffnung konnten die Besucher ein Gebäude bestaunen, das technisch auf dem Stand des 21. Jahrhunderts ist, in seiner Gestalt den Fortschrittsgeist des frühen 20. Jahrhunderts vermittelt – als man mit noch neuen Materialien Stahl und Glas begann, die Architektur zu entmaterialisieren und die Grenzen des konstruktiv machbaren auszuloten.

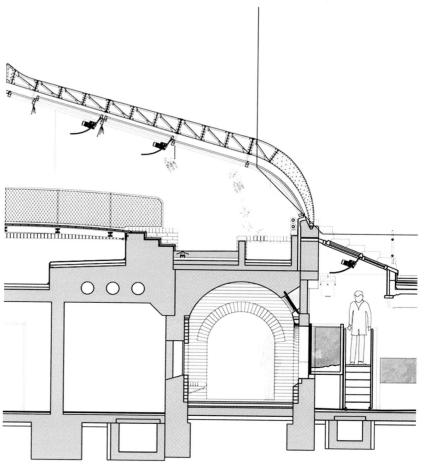

Abbildung 9: Detailschnitt Victoriahaus

3   Alfred-Brehm-Haus im Tierpark Berlin

Abbildung 10: Historisches Eingangsbild von 1963

3.1   Architektur und Geschichte

Das Alfred-Brehm-Haus ist ein Raubtierhaus mit einer zentralen Tropenhalle. Es bildet einen wichtigen Bestandteil des Tierparks Berlin und ist eines der größten Raubtierhäuser weltweit. Im Mittelpunkt steht die Besuchern offenstehende tropische Halle, in der Vögel und Flughunde inmitten von üppiger Vegetation frei leben können. An deren Längsseiten sind zahlreiche Vitrinen mit tropischen Vogelarten und die Raubtieranlagen zu finden, die unter anderem von Leoparden und anderen Großkatzen bewohnt werden. An den Stirnseiten des Tropenhauses befinden sich die zwei Felsenhallen, deren Großgehege durch Wassergräben von den Besuchern getrennt sind. Daneben beherbergt das Alfred-Brehm-Haus einige andere Tierarten. Um das Haus herum sind Freianlagen für Raubtiere geschaffen worden.

Geplant und gebaut wurde das Gebäude unter der Leitung von Architekt Heinz Graffunder von 1956 bis 1963. Das Gebäude steht unter Denkmalschutz. Mitte der 1980er Jahre wurde bereits eine umfangreiche Sanierung vorgenommen. Aus heutiger Sicht ist das Haus nicht mehr zeitgemäß in seiner Energieeffizienz und in großen Teilen wieder stark sanierungsbedürftig. Besonders betroffen sind die Dachflächen und die Stahl-Glas-Konstruktionen. Die Verglasungen im Dachbereich, Laterne der Tropenhalle und Oberlichter, sind als Einfachverglasung ausgeführt, die Flachdachbereiche sind nur gering gedämmt, sodass es hier zu erhöhten Wärmeverlusten kommt. Die Lüftungs- und Heizungstechnik ist veraltet, auch hier ist ein großes Energiesparpotential vorhanden.

Abbildung 11: Ansicht

Das Alfred-Brehm-Haus ist funktional und nach gestalterischen Elementen in folgende Bereiche gegliedert:

- Die zentrale Tropenhalle
- Die Eingangshalle mit dem Besucherumgang
- Raubtierboxen und Futterküche an der Südseite
- Die an der westlichen und östlichen Gebäudeseite liegenden Raubtierboxen
- Die Felsenhallen

In den Gebäudeteilen bestand ein hohes Energieeinsparpotential, das gleichzeitig mit Hochbau- als auch anlagentechnischen Optimierungsmaßnahmen erschlossen wurde. Der alte Betrieb des Alfred-Brehm-Hauses bedingt einen enormen Energieverbrauch aufgrund fehlender Regeltechnik und einer nicht zeitgemäßen, desolaten Außenhülle. Energie wurde in höchstem Maß verschwendet. Die veraltete Gebäudetechnik stellte ein sehr großes Ausfallrisiko dar.

Die Schäden am Tragwerk und an der transparenten Gebäudehülle des Denkmals waren nur durch eine umfassende denkmalgerechte Sanierung zu beheben. Die Erneuerungsmaßnahmen haben sich ressourcen- und umweltschonend ausgewirkt. Einer Schließung des Alfred-Brehm-Hauses wurde vorgebeugt.

Ergänzend zu den umweltentlastenden Sanierungsmaßnahmen, wurde die Tropenhalle attraktiver für die Besucher gestaltet und entsprechend dem laufenden Masterplanungsprozess Tierpark 2020+ die Evolution hautnah erlebbar machen. Deshalb erhielt die Tropenhalle einen inneren Umgang auf Höhe des Obergeschosses. Das zu neue Galeriegeschoss ermöglicht den Besuchern, in der Höhe der Baumkronen stehend, neue faszinierende Einblicke "auf Augenhöhe" in die Tier- und Pflanzenwelt der Tropenhalle zu erlangen. Um einen barrierefreien Zugang zum Galeriegeschoss zu gewährleisten, wurde ein Aufzug ausgeführt.

Abbildung 12: Innenräume

3.2   Konstruktion

Durch die neue Isolierverglasung im Bereich der Tropenhalle, der Verglasungen im Dachbereich sowie den Oberlichter und Fenstern in Kombination mit einer automatisierten Technik mit Wärmerückgewinnungsanlagen werden mehr als 40 % des bisherigen Energieverbrauches eingespart.

Das Gebäude hat bisher einen Primärenergiebedarf hinsichtlich der Gesamtenergieeffizienz von 2.555 kWh/(m²a). Der Primärenergiebedarf nach Abschluss der Sanierung beläuft sich auf 1.512 kWh/(m²a).

Einen wesentlichen Beitrag hierzu leistet der Austausch der Fassaden. Die erneuerten Fassaden erreichen einen Uw – Wert von 1,4 W/(m²K), die erneuerten Fenster im Bereich des Wirtschaftstrakts einen Uw – Wert von 1,1 W/(m²K). Die Dachdämmung wird von 6 cm im Bestand auf 25 cm im Mittel erhöht.

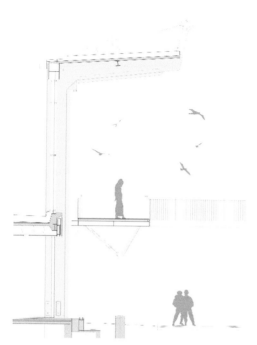

Abbildung 13: Schnitt

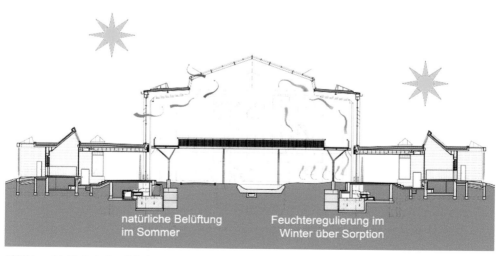

natürliche Belüftung
im Sommer

Feuchteregulierung im
Winter über Sorption

Abbildung 14: Technischen Schnitt

Das Haus wird im Winter über Sorptionsgeräte entfeuchtet. Die Sorptionstechnik setzt durch den Entfeuchtungsprozess Wärme frei. Somit kann zum einen die erhöhte relative Feuchte durch die dichtere Isolierglashülle reguliert und darüber hinaus der Energieverbrauch gesenkt werden. Im Sommer werden die Öffnungselemente der Fassade im senkrechten Bereich sowie im Dach zur natürlichen Belüftung herangezogen.

4   Fazit

Um Denkmäler energetisch sinnvoll zu sanieren, müssen alle Beteiligten regelmäßig sich beim Planungsprozess miteinbringen. Unverrückbare und starre Positionen zwischen Vertretern des Landesdenkmalamtes, Nutzern, Geldgebern und Architekten sind kontraproduktiv. Kompromisse aller Beteiligten und ein kreativer und innovativer Umgang mit der vorhandenen historischen Bausubstanz der Planer, garantieren eine erfolgreiche energetische Sanierung eines Denkmales.

Unsere Glashäuser belegen, dass Denkmalschutz und Klimaschutz keinen Widerspruch bilden.

Autorenregister

A

ARNOLD, Ulrich   65

F

FIGGE, Dieter   37

G

GEHRTS, Eike   45

H

HAAS, Friedhelm   109
HORN, Sebastian   93

K

KRIMMLING, Jörn   79

M

MEINDL, Hans Reiner   25

R

RUISINGER, Ulrich   65

T

THORWARTH, Dennis   93

V

VON BENTHEIM, Manfred   17

W

WEIß, Gerd   7

Stichwortregister

A

Alfred-Brehm-Haus   109

B

Balkenkopf 65

Botanischer Garten Berlin   109

D

Denkmal   7, 93

Denkmalschutz 45

Denkmalschutzglas 25

E

Energieeinsparung 45

Energieeinsparverordnung (EnEV) 7, 37

Entstellung   17

Erdsonde 79

erhaltenswerte Bausubstanz 7

G

Geothermie   79

großes Tropenhaus   109

H

Holzkastenfenster   45

I

Innendämmung   37, 65

Isolierglas   25

M

mundgeblasenes Fensterglas   25

mundgeblasenes Goetheglas   25

P

Photovoltaik   93

Pilzbefall   65

Planungsschritte   93

R

Raubtierhaus   109

Runderneuerung   45

Printed in the United States
By Bookmasters